Markus Gastl
Melanie Schoppe

BODEN & PFLANZEN NATÜRLICH STÄRKEN

Bio-Dünger und Pflanzenschutz selbst gemacht

INHALT

Vielfalt darf immer **bei dir** einziehen. **Du weißt**, was jede einzelne **deiner Pflanzen braucht**.

VITALE ERNTEN

→ Du kannst es! Nicht immer ist der rundeste und röteste Apfel auch der gesündeste. Discountware ist in der Wachstumsphase intensiv chemisch begleitet worden. Durch optimierte und kontrollierte Bewässerung entstehen aufgeblähte Produkte, die oft grün geerntet werden und unter Begasung nachreifen. Der Geschmack bleibt dabei auf der Strecke. In den Verkauf kommen nur die Früchte, die auch die DIN-Norm erfüllen. Eine verwachsene Frucht mit ein paar Flecken zeugt von sonnigen und regnerischen Tagen, zeigt die selbstständige Kraft des Wachsens und bietet dir ein authentisches Geschmackserlebnis.

WACHSTUM FÖRDERN

→ Du kannst es! Pflanzen brauchen Licht, Wasser, Mineralien und organische Stoffe im ausgewogenen, für sie richtigen Verhältnis. Das alles hast du im Garten, vielleicht nicht optimal verteilt, aber es ist vorhanden. Pflanzen werden aber auch bedrängt von Krankheiten und Schädlingen. Je mehr du über die Ansprüche deiner einzelnen Pflanzen und die vielfältigen Widrigkeiten weißt, desto eher kannst du mit relativ geringem Aufwand unterstützende Maßnahmen einleiten. Dann kann schon das einmalige Gießen mit einer Jauche oder die Zugabe einer Handvoll Kompost deinen Pflanzen den notwendigen Schub verleihen.

SCHÖNHEIT BEWUNDERN

→ Du kannst es! Nicht die gerade Linie und der senkrechte Wuchs, nicht die Makellosigkeit und die Symmetrie erzeugen wahre Schönheit, sondern es ist die Individualität eines Lebewesens. Ein Blick in den Spiegel wird dir zeigen, dass auch dein Gesicht aus zwei unterschiedlichen Hälften besteht und aus diesem Grund auch Wirkung zeigt. Jede Pflanze ist ebenso ein individuelles Lebewesen. Und wenn du diese Einzigartigkeit jeder deiner Pflanzen schätzen lernst, wirst du bemerken, dass alle zusammen die Ode der absoluten Schönheit für dich singen.

REINHEIT GENIESSEN

→ Du kannst es! Lass die Abteilung mit Chemie und mineralischen Dünger im Gartencenter einfach links liegen. Die Natur funktioniert ohne Zusatzstoffe und kann sich selbst aus eigener Kraft entwickeln. Denn alle giftigen Substanzen verteilen sich auch nach nur punktuellem Ausbringen in deinem Garten flächig im Raum. Deine Kinder bringen diese Stoffe nach dem Barfußlaufen im Rasen genauso ins Haus wie deine Nutzpflanzen sie aufnehmen. Früher oder später gelangen diese extrem stabilen Stoffe durch die Nahrungsaufnahme und Hautkontakt in deinen Körper und können dort Langzeitschäden verursachen.

GLÜCKLICHE MITBEWOHNER

→ Du kannst es! In deinem eigenen Interesse und dem der restlichen tierischen Lebewesen in deinem Garten solltest du komplett auf irgendwelche Hilfsstoffe oder Zusatzgaben künstlicher Herkunft verzichten. Selbstverständlich hat alles eine Wirkung, aber alles hat eben auch Nebenwirkungen. Der Schaden, der bei den unsichtbaren Bodenlebewesen oder den sichtbaren Nützlingen entsteht, ist immens und systemrelevant. Totes Bodenleben oder vergiftete Marienkäfer helfen niemanden. Lass die Natur ihre Arbeit machen, sie stabilisiert sich durch eine Vielzahl von Vernetzungen und Rückkopplungen selbst.

ENKELTAUGLICH HANDELN

→ Du kannst es! Vergesse bei deinem Tun nie, dass alles im Wandel ist. Jede auch noch so starke Pflanze wird irgendwann einmal alt, krank und stirbt. Auch du selbst bist eingebunden in dieses ewige Rad des Lebens. Das bedeutet, ein Garten ist kein Abziehbild einer beständigen Vorstellung mit exakt 8 mm Rasen und dem ewig gleichen Schnitt deiner Hecke. Dies für immer aufrechtzuerhalten mit dem Einsatz von Chemie ist utopisch und vollkommen absurd. Dabei heraus kommt totes Land und deine Nachkommen haben dann selbst keine Möglichkeiten mehr, hier den Wandel des Lebens kennenzulernen.

SYSTEME VERSTEHEN

→ Du kannst es! Je mehr du über die Natur weißt, desto leichter ist es auch, richtig zu handeln. Krankheiten bei Pflanzen können Einzelursachen unterschiedlichster Art haben. Aber auch das Zusammenspiel von Pilzen, Mangelerscheinungen, Schädlingen, falscher Pflanzenauswahl, falschem Standort und ungünstigen Wetterverhältnissen ergeben ein beständiges Kreuzfeuer an Widrigkeiten, unter dem die Pflanzen stehen und eventuell leiden. Einfache unterstützende Maßnahmen wie etwa zur gezielten Ansiedlung und Förderung des Marienkäfers können das Problem der Blattläuse in deinem Garten von alleine lösen.

MITTEL GEZIELT EINSETZEN

→ Du kannst es! Je ausgefallener sich die Bedürfnisse des Menschen auch in seinem Garten darstellen, desto aufwendiger sind die erforderlichen Mittel, um das Gewünschte zu erreichen und zu erhalten. Fremdländische Pflanzen sind nicht an den hiesigen Boden und das bestehende Klima angepasst. Die eingeschleppten Schädlinge und Krankheiten machen diesen Pflanzen zusätzlich das Leben schwer. Erst durch den beständigen Einsatz von Zeit, Arbeit und Geld sind hier ansehnliche Ergebnisse zu erreichen. Spar dir diesen Aufwand und gönne dir und deiner Familie eine Auszeit vom restlichen Lebenswahnsinn.

DIE LUST, SCHNELL ZU HANDELN

Wer kann bei dieser Pracht schon widerstehen? Die meisten eben nicht!

Endlich! Der Winter mit seinen grauen Tagen ist vorüber. Die wärmenden Sonnenstrahlen auf der Haut und das beginnende Gezwitscher der Vögel locken auch den letzten Stubenhocker nach draußen. Es juckt in den Fingern, „etwas“ im Garten zu machen, Pflanzen zu kaufen und einzusetzen.

Deswegen liegt der Weg in ein Gartencenter oder in die Gärtnerei nahe, um dieses Verlangen zu stillen. Hier ist man auf den Ansturm vorbereitet, denn März, April und Mai sind die umsatzstärksten Monate des Jahres. Alles ist schön sortiert und bunte Blüten in Töpfchen lachen die Kunden schon im Eingangsbereich an. Gut gewachsene Stauden versprechen auf den farbigen Etiketten sommerliche Pracht. Clematis windet sich an dünnen Bambusstangen schon gut 1 m in die Höhe. Rhododendron in prächtigen Blütenfarben leuchtet mit einem satten Grün der Blätter um die Wette. Alle Gemüsepflanzen und Kräuter, die man sich vorstellen kann, buhlen im 6er-Tray um Kundschaft. Oder sie sind zum „sofort Ernten“ und „Genießen“ in größeren Töpfen für die Fensterbank erhältlich. Schnell ist der Wagen voll. Wie gerne möchten die gutgelaunten und hochmotivierten Gärtner mit einem Schwung neuer „starker Pflanzen“ an diesem Frühling mit seiner explosiven Kraft teilhaben und das Wiedererwachen der Natur im Garten hautnah miterleben.

Die Ursache der Pracht

Zu leicht wird dabei vergessen, dass all diese Pflanzen unter perfekten Bedingungen in Glashäusern mit verlängertem Kunstlicht und unter Einsatz von Chemie, vorwiegend Pestiziden und Fungiziden, optimal gewässert, geschützt vor jahreszeitlich ungünstiger Witterung und massiv unterstützt von Düngemitteln, gezogen wurden. Manchmal siehst du auf den Blättern noch weiße Ränder der Spritzmittel, im Bodensubstrat des Topfes lassen sich gelbe oder grüne Langzeitdünger-Kügelchen erkennen. Die dunkle Seite der vermeintlichen Schönheit lässt sich bei all dieser Pracht leicht übersehen. Egal, was für Zaubertricks dahinterstecken, die optische Wirkung der Pflanze ist entscheidend.

Im Kofferraum werden sie alle heimgebracht, an einem sonnigen Nachmittag nach draußen verfrachtet und eingesetzt, auf dass sie sich gut weiter entwickeln.

Basilikum aus Samen gezogen und im Freiland, prächtig oder?

Der Ernst des Lebens beginnt

Wie sie den Temperaturschock, raus aus dem temperierten Glashaus hinein in das Auf und Ab des Frühlingswetters und die Frostnächte bis zu den berühmten „Eisheiligen“ im Mai, bewerkstelligen sollen, daran denkt keiner. Ungeschützt sind sie jetzt den gefräßigen Insekten und Krankheiten ausgesetzt.

Bist du wirklich überrascht, wenn die Pracht verschwindet? Hast du dir je die Frage gestellt, was die einzelnen Pflanzen eigentlich für Ansprüche haben? Kannst du die Pflanzen überhaupt „artgerecht“ bei dir halten?

Rhododendron etwa liebt schattige Verhältnisse auf sauren Böden mit leichter Feuchte. In voller Sonne und in kalkhaltigem Boden wird eine anfänglich so schöne Pflanze bald Flecken bekom-

So ausgepflanzt wird die Pflanze nicht richtig anwachsen können. Es hilft, den Wurzelballen zuvor etwas aufzurauen.

men, die Blätter hängen lassen und mit der Zeit immer kahler werden.

Hortensien, die blauen und großen Blütenkugeln sind immer ein absoluter Hingucker. Im eigenen Garten ausgesetzt, verändert sich oft die Blütenfarbe zu einem schnöden Rosa. Was geht da vor sich? Der pH-Wert des Bodens muss etwa bei 5 liegen, damit die Pflanze Aluminium-Ionen aufnehmen und so blaue Blüten bilden kann. Im Topf und in der Gärtnerei ist das leicht kontrollierbar, aber im Garten musst du ständig Aluminium-Sulfat zuführen, um den pH-Wert bei 5 zu halten.

Ein wunderbarer Strauch mit Blüten ist schnell ausgetopft und eingegraben. Leider wird oft vergessen, dass die Wurzeln aufgeraut und im Pflanzloch ausgebreitet werden müssen. Auch der Zuschlag von lockerer Erde, die richtig eingeschlämmt und wieder festgetreten werden muss, garantiert ein gutes Anwachsen.

Geduld haben

Wenn an den ersten sonnigen Frühlingstagen „der Hafer sticht", du dich übermütig und besonders tatendurstig fühlst, gib dich nicht dem Leichtsinn und Übermut hin. Lass dich nicht gleich von den Angeboten im Gartencenter verführen, sondern lass dir Zeit und lerne ein wenig mehr über die Pflanzen, den Boden, die Nährstoffe und das Gleichgewicht, um das Ziel „starke Pflanzen" auch wirklich ohne Chemie und mineralische Dünger zu erreichen. Wer von Anfang an auf gesundes Wachstum achtet, hat sehr viel bessere und langlebigere Pflanzen, die auch gegen Schädlinge und Krankheiten stabil sind.

Starke Pflanze, oder was?

Jeder kennt sie, die Schmetterlingsorchidee. Die beliebte Zimmerpflanze stammt aus den tropischen Urwäldern Asiens und ziert in unterschiedlichsten Farbschlägen so manche Fensterbank. Als sogenannte Aufsitzerpflanze ist ihr natürlicher Wuchsplatz hoch oben auf den Ästen der Urwaldbäume, dort lebt sie epiphytisch mit wenig Wasser in warmer Luft, mittlerer Luftfeuchte und viel Licht. Aus wenig natürlichen Arten wurden *Phalaenopsis*-Multihybriden gezüchtet, die extra großblütig, robust und farbenfroh sind. Einmal in der Woche in kalkfreies Wasser getaucht, regelmäßig mit speziellen Düngerzugaben versorgt, wirst du problemlos und dauerhaft Freude an dieser Pflanze haben. Diese Pflanze passt also wie die Faust aufs Auge exakt mit ihren Ansprüchen in das deutsche Wohnzimmer. Die Pflanze erscheint uns stark und pflegeleicht zugleich. Um sie erfolgreich zu halten, braucht man keinen grünen Daumen, sondern nur ein paar regelmäßige Zuwendungen. Viele andere Zimmerpflanzen, wie etwa Kakteen, Bogenhanf, Amaryllis, Begonien, Gummibaum etc., haben sich deswegen durchgesetzt, weil ihre Ansprüche exakt auf das passen, was du ihnen in einer Wohnung bieten kannst. „Starke Pflanze"? Stell deine Zimmerpflanzen einfach einmal im Winter für eine Nacht auf den Balkon und du wirst merken, wie schwach sie eigentlich sind, wenn ihre Ansprüche nicht erfüllt werden.

Ist es der mediterrane Pfirsich …

Jeder hat schon mal einen prächtig blühenden Zwergpfirsich gesehen. Die rosa Blüten, ganz eng an den Zweigen aneinander gereiht, oft in der Mitte in ein apartes Rot übergehend, begeistern. An den Zweigspitzen treiben schon die ersten grünen Blätter. Der Hinweis auf dem Schild „winterhart" überzeugt und schnell ist so ein Bäumchen gekauft. Mit einer solch „starken Pflanze" kann auch ein unerfahrener Gärtner nichts verkehrt machen. Selbstverständlich wird der Pfirsich an eine Südmauer oder eine sonnendurchflutete Terrasse gepflanzt oder verbleibt, regelmäßig gewässert, in einem geräumigen Topf mit durchlässigem, tiefgründigem und nahrhaftem Boden. Im Winter wird mit Luftpolsterfolie, Schilfrohrmatten, Jutesäcken oder ähnlichem eingepackt, um vor der Kälte zu schützen. Höchstwahrscheinlich wird das Bäumchen aber das Folgejahr nicht mehr so reich blühen. Was ist da los? Tatsächlich sind Fehler beim richtigen Rückschnitt schnell gemacht. Die Unterscheidung zwischen wahren und falschen Fruchttrieben ist knifflig und es darf nicht das falsche oder zu viel oder zu wenig Zweiglein mit der Schere abgeknipst werden. Ok, aber warum bekommen die Blätter im Sommer die Kräuselkrankheit? Weil der Pilz, der dafür verantwortlich ist, sich am besten vermehrt und infizieren kann, wenn die Rinde durch Regen nass ist und die Temperaturen unter 16 Grad Celsius bleiben. Das ist ein Zustand, der in Deutschland viele Monate lang zutrifft. Was also tun? Am besten nimmst du die vermeintlich schwächelnde mediterrane Pflanze bei deinem nächsten Urlaub mit nach Süditalien oder Spanien und schenkst sie dort einem Gärtner, der ein geschultes Auge und die richtige Erfahrung mit dem perfekten Schnitt hat. Das passende Klima gibt es vor Ort gratis dazu. Das Bäumchen wird dort unter diesen Voraussetzungen problemlos jedes Jahr wunderbar erblühen – auch ohne weitere Maßnahmen.

... oder der alte Apfelbaum?

Jeder ist schon einmal an dem alten Apfelbaum am Hang vorübergegangen. Der Stamm reckt sich schief aus dem Boden hervor, als sei irgendwann einmal der komplette Hang ins Rutschen gekommen. Dort wo irgendwann Äste abgeschnitten wurden, hat der Baum die offenen Wunden mit Kallus-Gewebe selbst komplett geschlossen. Es gibt Baumhöhlen, die durch abgebrochene Äste entstanden sind. Nicht alle Zweige sind belaubt, es findet sich viel Totholz in der Krone. Aber an etlichen Stellen weit oben hängen kleine grüne Äpfelchen, die irgendwann größer und auf der Sonnenseite rot werden. An unterschiedlichen Stellen ist auch Baumharz ausgetreten und zu dicken Tropfen getrocknet. Dort, wo sich die ersten Hauptäste rund 2 m über dem Boden verzweigen, ist der konsolenartige Pilzkörper eines Feuerschwamms zu sehen. Langfristig das Todesurteil für den Baum, denn der Pilz verursacht Weißfäule und wird irgendwann einzelne Äste und dann auch den Stamm brechen lassen. Tut der Baum dir leid? Eine schwache, kranke Kreatur! Nein, ganz und gar nicht. Das, was du siehst, ist eine Urgewalt an Leben. Seit fast 100 Jahren steht der Baum an dieser Stelle. Er hat allem getrotzt, Schnee und Regen, Hagel und Nebel, Stürmen und Eiseskälte. Der Baum hat auch milde Temperaturen, Sonnenschein und sanfte Sommerabende erlebt. Er könnte erzählen von den Menschen, die tonnenweise seine Früchte geerntet haben, und den Gesprächen, denen er gelauscht hat. Jedes Jahr hat er Unmengen von Blättern produziert und diese in einem Farbrausch im Herbst wieder abgeworfen. Generationen von Vögeln sind aus den Höhlen ausgeschlüpft und haben wieder selbst Junge aufgezogen, gefüttert mit den Larven und Insekten, die der Baum selbst hervorgebracht

Lausche den Geschichten,
die der Baum erzählen kann,
und würdige sie.

hat. Wir stehen vor einer wirklich „starken Pflanze“, der Erfahrung und Lebensweisheit nur sehr schwer abzusprechen sind. Wir sollten beim nächsten Vorübergehen innehalten und dem Baum unsere Bewunderung aussprechen.

Wuchsstoffe versus Vitalstoffe

Bist du bereit für einen Versuch? Auch wenn dabei Verluste zu beklagen sind? Dann kauf dir einen 6er-Tray hellgrüner Kopfsalate.

Die Pflänzchen sind vollgepumpt mit Wuchsstoffen, schön hochgeschossen und versprechen eine große Ernte. In einem Beet draußen findet sich im April ein guter Platz. Eingraben, angießen, fertig! Wenn du Pech hast, ist nach ein paar Tagen nichts mehr von deinen kostbaren Pflanzen zu sehen. Nur noch die Stängelreste recken sich kurz nach oben. Wenn es nicht gar so schlimm ist, sind halb zerfressene Blätter übrig.

Was ist passiert? In der Nacht sind Nacktschnecken aus Löchern im Boden gekrochen und haben ihre Arbeit verrichtet. Zuverlässig und konsequent. Ihre Aufgabe in einem Garten ist es, schwache Pflanzen zu vernichten, also die Spreu vom Weizen zu trennen. Das weniger Gesunde wird aussortiert, in der Biologie spricht man „Survival of the fittest“, einem Grundprinzip der Evolution. Nacktschnecken sind die absoluten Vollstrecker dieses Prinzips. Das funktioniert sehr gut, wenn das Schneckenvorkommen im normalen Bereich ist. Ist es aus verschiedenen Gründen zu gewaltig und keine Spreu mehr vorhanden, gehen die Schnecken auch an den Weizen, um bei der bildhaften Sprache zu bleiben. Lösungsansätze bei zu starkem Schneckenvorkommen findest du auf Seite 109.

Schwach ist eine Pflanze dann, wenn sie kaum Vitalstoffe enthält, die durch den eigenen Überlebenskampf und die Auseinandersetzung mit Widrigkeiten entstanden sind. Die Pflanzen aus dem 6er-Tray mussten sich bis zu dem Tag ihres Kaufs durch dich noch nie anstrengen. Sie beinhalten nur Wuchsstoffe und können wegen fehlender Vitalstoffe den Schnecken nichts entgegensetzen.

ZAHLEN UND FAKTEN

Wuchsstoffe kann sich die Pflanze von außen mithilfe von Wasser zuführen. Sie setzen sich zusammen aus Makronährstoffen (Hauptnährstoffe) wie Calcium (Ca), Kalium (K), Magnesium (Mg), Phosphor (P), Schwefel (S) und Stickstoff (N) und Mikronährstoffen (Spurennährstoffen) wie Bor (B), Chlor (Cl), Eisen (Fe), Kupfer (Cu), Mangan (Mn), Molybdän (Mo) und Zink (Zn). Alle diese chemischen Elemente zusammen können mithilfe mineralischen Düngers zur Verfügung gestellt werden. Erhöhter Mangel oder Überschuss im Boden können bei Pflanzen zu typischen Erscheinungen wie etwa Gelbfärbung der Blätter oder Stoffwechselstörungen führen.

Hart macht stark

Bist du bereit für einen weiteren Versuch? Er ist zeitlich länger angelegt, aber wird dir kaum Verluste bescheren. Du kaufst dir Ende September Saatgut von samenfestem Kopfsalat, wie etwa „Eichblattsalat“ oder die Sorten 'Hirschzunge' und 'Amerikanischer Brauner'. Diese Samen wirfst du breitwürfig

An der Struktur der Blätter sieht man: Abgehärtet von Anfang an!

auf dein Beet. Leicht einrechen, angießen, fertig! In 14 Tagen kannst du die ersten Keimlinge erkennen. Schneckenfraß ist so spät im Jahr kaum mehr zu erwarten, denn die meisten Nacktschnecken sind schon gestorben und haben Eier gelegt, die im Boden überwintern. Bis zum Wintereinbruch wachsen die Keimlinge zu einer passablen Größe heran. Die Blätter sind kurz und liegen am Boden, leicht gekräuselt. Die Pflanzen sind dem Wetter vollkommen ausgeliefert, Schnee deckt sie zu, kalte Winde und Kälte machen es nicht leichter. Die harten Bedingungen führen zu gut ausgebildetem Wurzelwerk. So starten die Pflanzen in den Frühling und melden den Schnecken durch Textur und Geruch, durch Geschmack und Derbheit der Blätter: Achtung hier wachsen „starke Pflanzen“!
Tatsächlich werden bei normalem Schneckenbestand diese Pflanzen nicht behelligt. Warum auch, sie müssen von der Natur nicht aussortiert werden, denn sie beinhalten genügend Vitalstoffe. Diese Vitalstoffe machen eine Pflanze nicht unbedingt optisch schön, aber gesund und leistungsfähig.

ZAHLEN & FAKTEN

Vitalstoffe bildet eine Pflanze eigenständig durch chemische Umwandlungen. Sie haben vielfältige Funktionen in der Pflanze und bei der Interaktion mit ihrem Umfeld. Die komplexen Stoffe können giftig oder heilsam sein. Die wichtigsten sind ätherische Öle, Alkaloide, Anthocyan, Anthracinon, Bitterstoffe, Herzglycoside, Kumarin, Kieselsäure, Flavonoide, Mineralien, Schleimstoffe, Senfölglycoside, Phenole, Saponine, Tannin und Vitamine.

Ein schöner, gleichmäßig runder Apfel muss nicht unbedingt gut nach Apfel schmecken, er kann aber mit Sicherheit dem selbst gepflückten Apfel einer alten Sorte im Geschmack kaum das Wasser reichen. Ein am Boden kriechender Thymian, zur Hälfte eingetrocknet, in praller Sonne hat das intensivere Aroma als die supergrüne Topfware aus dem Discounter.

Diese Vitalstoffe machen die wahre Stärke einer Pflanze aus und verhindern Schäden durch Schädlinge und Krankheiten. Die Vitalstoffe verhindern aber nicht, dass die Pflanze doch gefressen werden kann. Denn es gibt viele Tiere, die aus genau diesen Vitalstoffen ihre Energie und Leistung beziehen. Der Schaden, der dabei entsteht, bleibt überschaubar und stört nicht. Der Koala und seine Nahrung, die schwer verdaulichen Eukalyptusblätter, sind ein bekanntes Beispiel. Aber auch in unserer heimischen Natur finden sich sehr viele solch interessanter Interaktionen.

Vital macht lecker

Die Raupen des Segelfalters, einem sehr seltenen Tagfalter, der leicht mit dem häufigeren Schwalbenschwanz verwechselt werden kann, ernähren sich von den Blättern der Schlehe, eines wunderbar weißblühenden einheimischen Strauches. Schlehen sind nicht selten, in fast jeder Hecke in der Landschaft kann man sie finden. Warum ist also der Schmetterling so selten? Einer von mehreren Gründen ist, dass die Raupen sich nur an sogenannten „Krüppelschlehen" finden lassen und dort fressen. Pflanzen, die an exponierten Stellen, alleine und freistehend Wind und Wetter trotzen, krumm gewachsen, vom Wind gebeutelt und an heißen Tagen in der Sonne fast vertrocknen. Diese Pflanzen haben hoch konzentrierte Vitalstoffe, die von diesen Raupen benötigt werden, um letztendlich zu einem wunderschönen Schmetterling zu werden.

Schönheit und Vitalität müssen sich nicht ausschließen, aber leider sind viele schöne Pflanzen aus dem Handel nicht zwangsläufig vital. Aus diesem Grund ist es wichtig, dass du dich zunächst mit dem Boden, in dem alle Pflanzen mit ihren Wurzeln stecken, beschäftigst: dem Substrat. Denn daraus – in Verbindung mit Wasser und Licht – müssen sie letztendlich all ihre Energie aufbauen.

Eine „starke" Pflanze kann je nach Betrachtungsweise anders definiert werden.

GRUNDLAGE:

GESUNDER BODEN

Die oberste, etwa 1 m starke Deckschicht der Erdoberfläche bezeichnen wir als Boden. Sie speichert Wasser, Energie und Nährstoffe und erfüllt grundlegende Funktionen, ohne die wir nicht existieren können. Sie sind die Voraussetzung für die Gesundheit unserer Pflanzen und letztlich für die Gesundheit aller Lebewesen, einschließlich des Menschen. Grund genug, sich zuerst einmal genau mit dem Boden zu beschäftigen.

DER BODEN & SEINE VIELFÄLTIGEN AUFGABEN

Du schlenderst an einem heißen Sommertag durch die Stadt. Die Sonne steht hoch und die Hitze lässt die Luft über dem Asphalt flirren. Hast du dieses Phänomen schon einmal über einer Wiese beobachten können? Nein. Wo würdest du deine Picknickdecke ausbreiten? Ganz intuitiv suchst du dir bestimmt ein Plätzchen auf der Wiese. Selbst, wenn es auf der Wiese keinen Schatten gibt, wird die Temperatur hier angenehmer sein.

Ein Quadratmeter unbebauter Boden kann, je nach seiner Beschaffenheit, etwa 250 Liter Wasser aufnehmen und speichern. Das spürst du bei Hitze dadurch, dass er durch die Verdunstung ein angenehmeres Klima aufweist. Diese enorme Wasserspeicherfähigkeit wirkt auch Hochwasser entgegen.

Die oberen Erdschichten schützen unser Grundwasser vor Verunreinigungen und schädlichen Stoffen jeglicher Art. Der Boden übernimmt hier die wichtige Aufgabe der Filterung.

Als wären diese enormen Leistungen nicht schon genug, speichert der Boden auch Kohlenstoff: fünfmal mehr als alles Leben oberhalb der Erde und doppelt so viel wie die Atmosphäre. Durch Abbauprozesse, wie die Trockenlegung der Moore zur Torfgewinnung, werden enorme Mengen Kohlenstoff als Kohlendioxid wieder freigesetzt.

Und natürlich sichert unser Boden unsere Ernährung! Direkt, durch alles Pflanzliche, das wir zu uns nehmen, und indirekt als Futter für unsere Nutztiere.

Der Boden ist also unglaublich wichtig, denn er ist Klimaanlage, Wasserspeicher, Wasserfilter, Kohlenstoffspeicher und Ernährer zugleich.

Unterstütze den Klimaschützer Boden und verzichte deswegen strikt auf Torf in deinem Garten!

Eine Hand voll Erde

Du hältst einen ganzen Kosmos in deinen Händen! Zahlenmäßig gesehen leben hier mehr Bodenorganismen als es Menschen auf der Erde gibt.

Abhängig von der Qualität des Bodens tummeln sich in einem Würfel Erde mit einer Kantenlänge von 10 cm Milliarden von Bodenorganismen, überwiegend so winzig, dass sie mit dem bloßen Auge nicht zu sehen sind. Dazu gehören Bakterien, Einzeller, Pilze, Algen, Würmer, Krebstiere, Spinnentiere, Tausendfüßer und zahlreiche Insektenordnungen. Sie leben alle im, mit und von dem Boden. Er ist eine kaum erneuerbare Ressource. Rund 1 000 Jahre braucht etwa die „Geburt" von 10 cm Erdboden. Wer das verstanden hat, erkennt, wie schützenswert unser Boden ist, und ebenso, wie stark gefährdet.

ZAHLEN & FAKTEN

In 0,3 m³ (1 × 1 m Fläche und etwa 30 cm Tiefe) gesundem Boden können 2,5 Billionen Mikroorganismen leben: Bakterien, Pilze, Algen, 1 Millionen Fadenwürmer, 100 000 Milben, 50 000 Springschwänze, 25 000 Rädertiere, 10 000 Borstenwürmer, 100 Käferlarven, 100 Zweiflüglerlarven, 80 Regenwürmer, 50 Schnecken, 50 Spinnen und 50 Asseln.

ALLES IST IM GLEICHGEWICHT

Wie du sicher weißt, steht nichts und niemand auf dieser wunderbaren Erde für sich allein. Alles ist miteinander auf verschiedenen Wegen verknüpft und voneinander abhängig – manchmal über kaum noch nachvollziehbare Umwege. So ist der Gedanke, dass der räuberisch lebende Laufkäfer von einem abgestorbenen Blatt profitiert, erst einmal schwer nachvollziehbar.

Doch schauen wir uns an diesem kleinen Beispiel einmal solch eine Vernetzung an. Dabei wird deutlich, wie komplex die Zusammenhänge sind und wie wichtig es ist, dieses empfindliche Gleichgewicht zu bewahren und es nicht zu verletzten. Ein gesunder Boden spielt dabei eine zentrale Rolle.

Ein abgestorbenes Blatt fällt zu Boden. Pilze und Bakterien beginnen mit ihrer Arbeit, es zu zersetzen. Es entsteht Humus. Der Laufkäfer legt nun seine Eier in Erdgruben ab. Daraus schlüpfen die Larven, die bereits kleinste Tiere fressen. Das kleinste Bodenleben selbst hängt wiederum vom Boden ab und ist gesund und lebendig, weil dort schon viele abgestorbene Blätter verarbeitet wurden. Je größer die Larve selbst wird, desto größer werden ihre Opfer. Es ist ein einziges „Fressen und Gefressenwerden". In dem gesamten Prozess entwickelt sich die sehr räuberische Larve zu einem nicht weniger räuberischen Käfer, der uns als natürlicher Feind von Raupen, Schnecken, Kartoffelkäfern und Schwammspinnern ein ökologisch bedeutender Helfer ist. Der Käfer hilft dir in jeder Entwicklungsphase und du hilfst ihm durch deinen gesunden, intakten Boden und einem abgestorbenen Blatt.

Jeder Eingriff ist eine Gefahr

Aus dem Gleichgewicht gerät das Bodenleben, das die Grundlage für unsere starken Pflanzen ist, immer dann, wenn wir irgendwie eingreifen. Ein gesunder Boden benötigt keinen Eingriff durch uns. Es kann aber durchaus nötig werden, dem Boden zu helfen, sein Gleichgewicht wiederzufinden. Entweder, weil er durch den Anbau von Gemüse Nährstoffe verloren hat, die wir ihm wieder zuführen müssen, oder weil er durch die falsche Pflege an Vitalität einbüßen musste.

Jede Dosis Gift, jede Handvoll mineralischer Dünger, kann dieses empfindliche Gleichgewicht nicht nur stören, sondern komplett zusammenbrechen lassen. Wer Kreisläufe und Zusammenhänge erkennt und sie versteht, der wird weniger unbedacht – am besten überhaupt nicht – eingreifen. Das ist unser Ziel. Nur so können wir unseren Boden schützen und bewahren.

Jedes Blatt mehr zählt!

SCHNELLE HILFE AUS DEM ZAUBERKASTEN?

Beim Gang durch die Gartencenter wird immer wieder suggeriert, wie spielend leicht sich Schädlingsdruck minimieren lässt oder wie einfach die Anwendung von Spritzmitteln gegen Krankheiten ist. Auch das sogenannte Unkraut kann kein Grund sein, graue Gärtnerhaare zu bekommen.

Gegen alles gibt es das passende Produkt. Geworben wird häufig damit, dass das Mittel ausschließlich gegen den oder die Störenfriede wirkt und sonst keinerlei Nebenwirkungen auftreten.

Wie verlockend! Da füllt man einfach einen Druckpumpzerstäuber mit ein wenig von diesem Mittelchen und Wasser, besprüht die geliebten Pflanzen und schon können diese unbehelligt und kräftig weiter wachsen. Problem erkannt, Problem gebannt. So scheint es.

Herbizide nehmen den Schutz

Wenn du nun in deinem Garten ein Herbizid einsetzt, um Unkräuter abzutöten, dann beraubst du deine Erde um Nährstoffe und Schutz. Erde will nie nackt sein. Sie bedeckt sich schnell und effektiv mit den unterschiedlichsten Beikräutern. Viele davon kannst du essen und musst sie nicht bekämpfen

Das Kraut der Sternmiere deckt den Boden, die Blüten geben Nektar und Pollen.

(siehe Seite 46). Andere können in Form von Jauchen oder Brühen deinen Boden regelrecht boosten (siehe Seite 82 ff.).

Vogelmiere beispielsweise kann ein lockerer, dennoch dichter Teppich werden, wenn man sie lässt. Das hat auch seinen Sinn. Nackte Erde ist Wind und Wetter schutzlos ausgeliefert, Regen spült sie davon oder wäscht Nährstoffe aus. Ungeschützter Boden bietet dann auch den Bodenlebewesen keinen Schutz, die an diesen Stellen sehr viel weniger bis gar nicht vorkommen. Daraus resultiert ein Boden mit wenig Humusanteil, der weniger Wasser speichern kann und somit einer versiegelten Fläche näher kommt als gesundem Erdreich. Entfernst du ein Zuviel an Beikräutern händisch, lässt es aber an Ort und Stelle als Mulch liegen, dann bleibt der Boden bedeckt und die Zersetzer können ihre Arbeit tun. Sie wandeln in Windeseile das organische Material um und stellen es so als natürliche Nährstoffquelle wieder den Pflanzen zur Verfügung.

Fungizide und ihr Risiko

Ebenso fatal ist der Einsatz von Fungiziden, um Pilze unschädlich zu machen. Natürlich gibt es Pilzkrankheiten, die unsere Pflanzen schwächen, ja sogar absterben lassen können. Das Risiko, mit einem Fungizid nicht nur den einen Pilz abzutöten, der es auf deine Pflanze abgesehen hat, sondern gleichzeitig eine Vielzahl an Pilzen im Boden abzutöten, die deiner Pflanze im Kampf zur Seite stehen und sie stark machen, ist es nicht wert einzugehen. Der Schaden ist größer als der Nutzen.

LEBENSGEMEINSCHAFT PILZ UND PFLANZE

Sogenannte Mykorrhiza-Pilze schaffen im Boden ein schier unendliches Geflecht von Versorgungswegen. Sie bilden häufig keine sichtbaren Pilzfruchtkörper aus, sodass wir sie nicht wahrnehmen, spielen aber eine zentrale Rolle bei der zuverlässigen Versorgung der Pflanzen mit Nährstoffen. Ungefähr 95 % aller Landpflanzen machen davon Gebrauch! Obwohl bis zu 30 % der Photosyntheseleistung der Pflanze quasi als Bezahlung dabei an den Pilz geht, gedeihen Pflanzen mit Mykorrhiza-Partner(n) besser, kräftiger und gesünder.

Ist Düngen notwendig?

Ist der chemische Kampf gegen die Unkräuter oder Pilze abgearbeitet, stellt sich schon die nächste Frage. Die Blätter der Pflanzen wirken kraftlos und matt.

Nährstoffe fehlen! Wenn wir nicht genug zu essen haben, dann sind wir ja auch schlapp und kraftlos. Kleine Düngerkügelchen versprechen schnelle und effektive Abhilfe. So muss es sein. Unseren Pflanzen soll es ja an nichts fehlen! Und getreu dem Motto: Viel hilft viel, sind wir auch nicht knauserig und geben eine Handvoll extra Dünger an die Pflanzen. Schon ist der nächste Fehler gemacht. Der erhoffte Effekt bleibt aus, die Pflanzen kümmern weiter vor sich hin. Ratlosigkeit und Frustration machen sich langsam breit.

Gut gemeint ist nicht immer gut gemacht. Mineralische Dünger, wie sich die künstlich hergestellten „Nahrungsergänzungsmittel für Pflanzen“ nennen, müssen sehr genau dosiert werden. Schnell sind sie überdosiert und bewirken dann das genaue Gegenteil von dem, was sie versprechen. Schuld daran sind komplexe chemische Abläufe und Wechselwirkungen zwischen den verschiedenen Nährstoffen, Mineralien und der Bodenzusammensetzung. Der pH-Wert der Erde muss zwingend analysiert und miteinbezogen werden, ebenso die speziellen Bedürfnisse der unterschiedlichen Pflanzen. Selbst das Gießwasser kann eine Rolle spielen. Hinzu kommt, dass diese Art der Düngung keine Langzeitwirkung hat. Durch die Sofortwirkung kommt es schnell zu einer Überdüngung, bis zur nächsten angedachten Düngergabe ist aber schon längst alles wieder ausgewaschen und die Pflanze

ÜBERSICHT PFLANZENSCHUTZMITTEL

- Herbizide: Mittel gegen Unkräuter
- Insektizide: Mittel gegen Insekten
- Fungizide: Mittel gegen Pilzerkrankungen
- Molluskizide: Mittel gegen Schnecken
- Akarizide: Mittel gegen Milben
- Rodentizide: Mittel gegen schädliche Nagetiere
- Wachstumsregler: Mittel zur Steuerung biologischer Prozesse

Organisches Material verrottet mit der Zeit, auch Tierhaare.

hungert. Chemische Dünger richtig einzusetzen, ist eine Wissenschaft für sich, zeitintensiv und teuer. Organische Dünger, die dir günstig, meist völlig kostenfrei zur Verfügung stehen, lassen sich kaum überdosieren und geben ihre Nährstoffe langsamer und pflanzenverträglicher ab. Sie haben eine kontinuierliche Langzeitwirkung und es muss nicht ständig nachgedüngt werden. Welche Möglichkeiten dir hier zur Verfügung stehen, wie du sie einsetzt und herstellst, findest du ab Seite 49.

Hier war die Hilfe zu viel des Guten und Grund für weitere Schwächung.

Die Voraussetzungen entscheiden

In dem Moment, in dem wir durch unseren Wunsch, eine schnelle Lösung für ein Problem zu finden, kurzsichtig nur die Symptome behandeln, aber vergessen, die Ursache zu finden, machen wir den ersten Fehler, auf dem alle weiteren aufbauen. Zu einer guten Voraussetzung für starke Pflanzen gehört ein gesunder, lebendiger Boden genauso wie ein möglichst artenreiches Refugium (siehe Seite 111 ff.). Wo das Nahrungsnetz nicht nur im Boden intakt ist, sondern auch im restlichen Garten ein Gleichgewicht herrscht und die unterschiedlichsten Tiere leben, da weiß sich die Natur selbst am besten zu helfen.

Deine Zielsetzung sollte nicht lauten: Pflanzen schützen! Sie muss lauten: Gute Voraussetzungen für sie schaffen!

FEATURE

So GROSS kann klein sein: Boden-organismen

Springschwänze können mithilfe ihrer Gabel am Bauch weit springen.

Die Allerkleinsten

Bakterien, Pilze, Algen und tierische Mikroorganismen sind winzig klein und mit dem bloßen Auge nicht zu erkennen. Als zahlenmäßig größte Lebenseinheit im Boden machen sie Laub und andere Pflanzenreste durch den Beginn des Rotteprozesses für größere Lebewesen überhaupt erst zugänglich oder dienen selbst als Nahrung. Sie sind der Schlüssel für ein intaktes Bodenleben.

Kleinste Tiere

Springschwänze und Milben ernähren sich saprophag (von totem organischem Material) oder phytophag (von Pflanzen). Einige Arten sind schon zoophag, fressen also als Raubtiere andere Lebewesen.

Hundertfüßer sind klein, aber der Schrecken aller noch kleineren Tierchen.

Saftkugler sind perfekte Einroller und bieten Räubern kaum Fläche zum Angriff.

Größere Kleintiere

Tausendfüßer etwa sind schon mit dem bloßen Auge zu erkennen und gliedern sich auf in zahlreiche Formen mit lustigen Namen wie etwa Schnurfüßer, Bandfüßer, Saftkugler, Zwergfüßer, Erdläufer und Steinkriecher. Die Hundertfüßer sind extrem räuberisch und fressen andere weichhäutige kleinste Tiere. Der größte Bewohner von allen ist der Regenwurm. In Deutschland gibt es nicht nur „den" Regenwurm, sondern 46 verschiedene Arten. Europaweit 400 und weltweit sogar 3 000 verschiedene Regenwurmarten. Mit diesem fleißigen Helfer beim Humusaufbau beschäftigen wir uns noch eingehender ab Seite 66.

Regenwürmer sind immer auf Händen zu tragen.

#machsnachhaltig

BODENTYP BESTIMMEN

Welchen Boden hast du und welchen willst du?

Die drei Grundtypen sind Sand-, Lehm- und Tonboden. Der Lehmboden bildet mit seiner Struktur und seinen Eigenschaften das Bindeglied, oder eben eine recht gute Mischung der beiden Gegensätze. Er bietet die besten Vorrausetzungen für den Aufbau eines ertragreichen Gartenbodens.

Das Optimum für den Nutzgarten

Aus Lehmboden kann über viele Jahre oder sogar Jahrhunderte ein mächtiger, humusreicher Oberboden entstehen. Er findet sich überall da, wo Menschen ohne chemische Dünger und Gifte, etwa in Klostergärten und Schlossgärten oder auch Haus- und Hofgärten, Gemüse angebaut haben. Er trägt den Namen Hortisol (Hortus = Garten und Sol = Erde) und war 2017 Boden des Jahres. Die humusreiche und krümelige Struktur des Hortisol wird gut durchwurzelt, speichert Wasser, ist gut durchlüftet und durch die intensive Durchmischung von

Sandboden versus Tonboden

	Vorteile	Nachteile
Sandboden	• leicht zu bearbeiten • gut von Wurzeln durchdringbar	• geringe Wasserspeicherfähigkeit • Nährstoffe werden schnell ausgespült
Tonboden	• hält Wasser und Nährstoffe lange Zeit	• schlecht durchlüftet • schwer zu bearbeiten • erwärmt sich langsam

Dein Gemüse bekommt immer nur das beste Endprodukt, nämlich Kompost von dir.

reichlich vorhandenen, organischen Pflanzenrückständen mit allen wichtigen Nährstoffen gut aufgeladen.

Vermutlich kannst du bei dir zu Hause nicht von solch einem Boden profitieren. Du kannst aber den Aufbau von Hortisol in deinem Nutzgarten unterstützen. So bekommt ein Sandboden mehr Humus, wenn du mulchst und verschiedene Formen von Kompostherstellung und -anwendung nutzt (siehe Seite 50 ff.). Ein Tonboden braucht auch Humusaufbau, um das Bodenleben zu aktiveren und zu unterstützen. Zusätzlich erhöhst du die Wasserleitfähigkeit, wenn du Sand einarbeitest.

Den Bodentyp bestimmen

Ganz einfach ist die Schlämmprobe. Sie gibt einen ersten Aufschluss über das Verhältnis der einzelnen Bestandteile deines Bodens zueinander. Das kannst du ganz leicht selber ausprobieren. Alles was du dazu brauchst, hast du wahrscheinlich zu Hause:

- **ein Schraubglas mit Deckel**
- **Boden aus deinem Garten**
- **Wasser**

Dann stichst du mit einem Spaten ca. 20–30 cm tief in den Boden. Von dem Aushub kannst du mit dem Löffel einfach von oben nach unten etwas abschaben. Damit füllst du nun etwa zu einem Viertel das Schraubglas und gibst bis circa 1 cm unter dem Rand Wasser dazu. Schließe das Glas und schüttele es so lang bis sich alles aufgelöst hat. Dann stehen lassen.

Die einzelnen Bestandteile des Bodens sinken entsprechend ihrer individuellen Dichte und ihres spezifischen Gewichtes unterschiedlich schnell ab und bilden dadurch recht deutlich abgegrenzte Schichten aus. Ganz unten setzen sich Steine und Steinchen ab, darüber folgen Schichten von Sand, Schluff und Ton. Im Wasser schwimmen Tonpartikel, die es trüben, nach oben hin wird das Wasser klarer und an der Oberfläche schwimmen dann bspw. Pflanzenreste oder anderes organisches Material. Die Schichten lassen sich miteinander vergleichen und du siehst, in welchem Verhältnis die verschiedenen Bestandteile zueinander stehen.

FEATURE

ZEIGERPFLANZEN UND IHR BODEN

Eine Möglichkeit, genau herauszufinden, wie es um deinen Boden bestellt ist, wäre eine Bodenprobe für eine Analyse in ein Labor zu schicken. Die Kosten dabei sind überschaubar. Ab ca. 20 Euro kann man die Bodenart, den Humusgehalt, den pH-Wert sowie die Gehalte an Phosphat, Kalium und Magnesium ermitteln lassen. Auskunft über Stickstoff, Spurenelemente und verschiedene Schwermetalle sind mit Mehrpreis möglich.

Du kannst aber auch selbst deinen Boden „analysieren". Die Natur zeigt dir, wie es unter der Oberfläche aussieht, mit dem, was sie an der Oberfläche wachsen lässt. Sogenannte Zeigerpflanzen sind gute Bioindikatoren für unterschiedliche Bodeneigenschaften.

Diese Pflanzen haben eine niedrige Toleranz. Wenn der Boden nicht so ziemlich ihre Ansprüche erfüllt, können sie nicht wachsen. Sie reagieren empfindlich auf Veränderungen und verschwinden, wenn sich die Verhältnisse verändern. So geben sie jeder Zeit recht zuverlässig Aufschluss über den aktuellen Zustand. Die Natur spricht zu uns, wir müssen nur lernen, sie zu verstehen.

Wildpflanzen erkennen

Schau also einmal auf die Wildpflanzen in deinem Garten und lerne sie zu lesen. Wenn du in der Bestimmung noch nicht so sicher bist, hilft dir ein Bestimmungsbuch. Apps zur Pflanzenbestimmung wie Flora incognita oder Pl@ntNet arbeiten zuverlässig und liefern schnell Ergebnisse.

Thymian aus der vollen Sonne hat ein Aroma, das auf der Zunge zieht.

Ehrenpreis lässt bei Erschütterung leicht seine Blütenblätter fallen.

Bodentypen und Zeigerpflanzen in der Übersicht

Bodentyp	Zeigerpflanzen
Alkalische Böden	Acker-Glockenblume Acker-Rittersporn Acker-Stiefmütterchen Wegwarte Wiesen-Salbei Wiesen-Storchschnabel
Saure Böden	Hundskamille Sauerampfer Sauerklee Schmalblättriges Weidenröschen Stiefmütterchen
Sandige Böden	Feld-Thymian Hasenklee Heidekraut Königskerze Sandmohn
Schwere Böden	Acker-Kratzdistel Acker-Schachtelhalm Kriechender Hahnenfuß Breitwegerich Löwenzahn Huflattich
Nährstoffarme Böden	Besenginster Hornkraut Hungerblümchen Kamille Magerwiesen-Margeriten Ziest
Stickstoffhaltige Böden	Brennnessel Kleinblütiges Knopfkraut Löwenzahn Melde Vogelmiere
Humose Böden	Brennnessel Gewöhnliche Vogelmiere Persischer Ehrenpreis Taubnessel Wolfsmilch

Alkalische Böden

Sie haben einen hohen pH-Wert über 7. Wenn du mit Nadelstreu mulchst, senkst du den pH-Wert. Bei sehr niedrigen pH-Werten wird das Bodenleben ruhiger, die Bodenorganismen inaktiv und die Verrottung verlangsamt.

Saure Böden

Hier liegt der pH-Wert unter 6,5. Du kannst ihn durch kleine Kalkgaben anheben. Durch Kompost und Mulch wird das möglicherweise etwas trägere Bodenleben aktiviert.

Sandige Böden

Nutze diese Gartenbereiche für Pflanzen, die es gern trockener mögen und schaffe dir hier einen Bereich, der wenig gegossen werden muss. Mediterrane Kräuter beispielweise fühlen sich hier besonders wohl.

Schwere Böden

Die Zugabe von Sand hilft dir hier bei der Verbesserung der Wasserleitfähigkeit und Durchlüftung der ansonsten fruchtbaren Böden.

Nährstoffarme Böden

Durch Kompostgaben, Mulch und Gründüngung kannst du Nährstoffe zufügen. Die richtige Fruchtfolge und Mischkultur (siehe Seite 62) verhindert, dass dein Boden verarmt.

Stickstoffhaltige Böden

Viele Starkzehrer sind hier genau richtig. Pflanze Paprika, Kohl, Lauch, Kartoffeln, Tomaten und Mais an solchen Standorten an. Sie entziehen dem Boden Stickstoff.

Humose Böden

Der perfekte Boden für den Gemüseanbau. Halte ihn gesund durch Fruchtwechsel und Mischkultur, Mulchen und hin und wieder Kompostgaben.

Schau, was dir wächst, und erkenne, was du hast.

PFLANZEN – WOHER UND WOHIN?

Deine neue Pflanze ist in einem Geschäft gekauft, von Freunden geschenkt, getauscht oder vor dem Kompostieren gerettet. Du hältst entweder Samen, Jungpflanzen, einen Topf mit Wurzelballen, eine wurzelnackte Pflanze, eine geteilte Staude, einen Ableger, einen Steckling oder Zwiebeln in den Händen. Wenn du weißt, um welche Pflanze es sich handelt und welche besonderen Ansprüche sie hat, bekommt sie bei dir den besten Start.

SAMEN ODER PFLANZEN?

Jede Pflanze startet irgendwann einmal als Same. Umgeben von einer Schale ist der Embryo der Pflanze, versorgt mit Nährgewebe und zum größten Teil ausgetrocknet, in einer Art Ruhezustand. Unter günstigen Keimbedingungen (Wasser, Wärme, Sauerstoff und eventuell Licht) beginnt ein Same sich zu einem Sämling zu verwandeln. Dieser Prozess kann von enormen Verlusten wie etwa Schädlingsfraß oder „Kinderkrankheiten" begleitet sein. Deswegen produzieren die meisten Pflanzen hunderte bis tausende Samen, um eine Weiterverbreitung sicherzustellen.

Außerdem braucht die Saatbettbereitung, die durch die Keimungsvoraussetzungen der jeweiligen Pflanzenart als Dunkelkeimer, Lichtkeimer oder Frostkeimer weiter beeinträchtigt wird, besondere Sorgfalt.

Rentiert sich Aussaat überhaupt?

Ja, das Ziehen von Pflanzen kann aus unterschiedlichsten Gründen empfohlen werden. Da sind zuallererst emotionale Gründe. Deine Liebe, deine Beständigkeit und deine Fürsorge haben es über einen längeren Zeitraum ermöglicht, dass eine Pflanze aus diesem Wunder Samenkorn herangewachsen ist. Du darfst stolz und zufrieden sein, deine Freunde werden dir einen „grünen Daumen" bescheinigen.

Wenn du Samen in deiner Umgebung selbst gesammelt hast, hast du Pflanzen, die an das Klima und die Bodenverhältnisse vor Ort bei dir bestens angepasst sind und diese Fähigkeit schon selbst bis zur Samenreife gezeigt haben. Aus Samen gezogene Pflanzen produzieren von Anfang an Vitalstoffe, die sie besser gegen widrige Umstände der

Realität schützen. Etliche Pflanzen, gerade wenn sie seltener sind, werden nur als Samen in geringen Mengen angeboten, da sich eine Anzucht für die Gärtnereien wegen mangelnder Nachfrage gar nicht lohnen würde.

Besonderheiten beim Gemüse

Im Gemüsebereich wird zudem viel auf Eigenschaften wie Farbe, Geschmack, Form und Resistenzen durch Kreuzung und Selektion gezüchtet. Es entstehen dabei entweder samenfeste Sorten, deren Samen wieder gleichartige Pflanzen hervorbringen können, oder sogenannte F1-Hybriden, deren Hochleistungseigenschaften nicht weitervererbt werden und in der nächsten Pflanzengeneration F2 verlorengehen. Letztere sind also für ein nachhaltiges Gärtnern nicht geeignet, da die Samen jedes Jahr neu gekauft werden müssen.

LICHT-, DUNKEL- UND FROSTKEIMER

Kleine oder sogar feine Samen brauchen einen Lichtreiz zum Keimen, sie sind Lichtkeimer. Sie werden nur dünn mit feiner Erde oder Sand bedeckt. Je schwerer Samen sind, desto mehr Kraft besitzen sie als Keimling und stoßen als Dunkelkeimer auch durch eine dickere Erdschicht. Einheimische Pflanzen tolerieren Frost und keimen erst, wenn sie als sogenannte Frostkeimer tiefe Temperaturen abbekommen haben. Schon im Herbst in Schalen ausgesät und durch ein Gitter vor Vogelfraß geschützt, ist dann in diesem Fall das Auflaufen der Samen garantiert.

SÄEN, KEIMEN, WACHSEN, PIKIEREN UND DANN AB IN DEN GARTEN.

PIKIEREN - JA ODER NEIN?

Sind nun die Samen in Schalen ausgebracht und mit einem Sprüher leicht feucht gehalten, werden bald Keimlinge zu sehen sein. Je feiner das Saatgut ist, desto mehr kleine Pflanzen werden eng beieinander wachsen. Da jede theoretisch zu einer erwachsenen Pflanze heranwächst, behindern sie sich gegenseitig. Pikieren ist angesagt, ein feinmotorischer Vorgang, den man mögen muss, um Freude dabei zu haben. Weniger Aufwand ist es, bei der Aussaat genauer auf die Samendichte zu achten und die Samen wirklich möglichst einzeln zu setzen. Je größer die Samen sind, desto eher wird das gelingen. Wenn dann die Sämlinge doch zu dicht aufgelaufen sind, kann so mancher Sämling einfach gezogen und geopfert werden, um Platz zu schaffen.

GEFAHR DER EINSCHLEPPUNG

Trotz oder gerade weil gekaufte Blumenerde, ob im Sack oder mit gewachsenen Pflanzen, hochintensiven Produktionsabläufen unterliegt, können sich dort aufgrund von Resistenzbildungen Schädlinge entwickeln und in den eigenen Garten oder den eigenen Balkon eingeschleppt werden. Trauermücken, Wurzelmilben, Weiße Fliegen, Schild- und Wollläuse sind extrem hartnäckig und können sich leicht ausbreiten. Vermeide den Kauf von fremder Erde also, wo immer es geht.

Welche Erde?

Die Werbung verspricht wunderbare Anzuchterde, aber musst du die wirklich kaufen? Nein! Such dir ausgestattet mit einem Erdsieb und einem großen Gefäß unter Sträuchern oder Bäumen einen gemütlichen Platz. Das Laub vom Vorjahr schiebst du beiseite. In deinem Sieb trennst du die groben Bestandteile von den feinen und erhältst beste dunkle Blumenerde. Dieses Substrat mischt du nach Belieben mit der frischen Erde von Maulwurfshaufen oder einer Handvoll Sand. Dieses absolute Premiumprodukt „made by your own“ taugt sowohl für die Anzucht als auch das Weiterwachsen gleichermaßen.

Hast du Angst vor Unkrautsamen in deinem ausgesiebten Boden? Dann befeuchte ihn einfach für ein paar Wochen und lasse alles keimen, was dir die Natur mitgeben wollte, und ziehe diese Keimlinge einfach heraus. Es ist nur eine Frage der zeitlichen Planung, dann ist dein Substrat auf einem nachhaltigen Weg auch unkrautfrei geworden und steht dir rechtzeitig zur Verfügung. Bringe die Erde aber nicht, wie manchmal empfohlen, zur Sterilisation in das Backrohr, denn dabei wird jegliches Leben getötet.

Licht ist das A und O

Entscheidend für den Keimling ist dann nur noch das Licht und das ist in der Regel immer zu wenig. Lichtmangel führt bei den Sämlingen zu langen, dünnen Stängel mit kleinen, fahlgrünen Blättchen – die Pflanzen „vergeilen". Sie sind schwach und holen den vorhandenen Lichtmangel auch nach Auspflanzen kaum mehr auf. Oft verbrennen sie auch, plötzlich in die Sonne gesetzt, die Blätter werden fleckig und die gesamte Pflanze leidet. Deshalb werden sie nur in den Vormittags- und Abendstunden in die Sonne gesetzt, den Zeitraum kannst du dann immer weiter ausdehnen. Beim Gießen darauf achten, dass keine Wassertropfen auf den Blättern verbleiben, denn sie verstärken das Sonnenlicht punktuell wie ein Brennglas.

Bedenke daher: Auch wenn es dich in den Fingern juckt, solltest du im Haus auf der Fensterbank immer erst ab Anfang März säen, wenn die Tage schon wieder länger werden. Im Gewächshaus und Frühbeet kann früher ausgesät werden, da die Pflanzen dort besser belichtet sind. Dort können aber zu niedrige Temperaturen Erfolge wieder zunichtemachen. Deswegen musst du in dieser entscheidenden frühen Phase, gerade beim Ziehen von Gemüsepflanzen, optimale Bedingungen einrichten, das heißt Beleuchtung oder Heizung, wo immer es geht. Andere Samen bevorzugen Direktaussaat ins Freiland. Auf den Packungen sind immer die empfohlenen Aussaatzeiten vermerkt.

TOPFWARE UND WURZELNACKT?

Sind deine Möglichkeiten zur Aufzucht eingeschränkt, ist es besser, frostempfindliche Pflanzen wie etwa Tomaten oder Paprika nach den Eisheiligen Anfang Mai zu kaufen und ins Freiland auszusetzen. Die Töpfe sind mit humoser Erde gefüllt und die Durchwurzelung im Topf ist optimal. Das Pflanzloch selbst kannst du beim Auspflanzen noch mit lockerer, selbst gesiebter Erde, die gut angedrückt wird, auffüllen. Der Wurzelballen wird dabei mit einer Kralle leicht angeraut. Die Pflanzen werden immer tiefer in den neuen Boden gesetzt als sie im Topf gestanden haben.

Topfware: Wurzeln gut ausbreiten

Beim Kauf von Pflanzen, die schon längere Zeit in den Töpfen wachsen, haben sich zwar stabile ökologische Bodenverhältnisse mit geringem Schädlingspotenzial eingestellt, aber durch die langen Standzeiten feste Ringwurzeln gebildet, die den Topf fast zur Gänze ausfüllen. In diesem Fall muss mit einer Kralle unbedingt das Wurzelwerk entwirrt, stark aufgeraut und vielleicht sogar mit einer Rosenschere eingekürzt werden. Unterbleibt dieser Vorgang, können die Wurzeln im neuen Boden überhaupt nicht richtig anwachsen. Bei der Pflan-

Der Umwelt zuliebe am besten in der Biogärtnerei kaufen!

zung muss deswegen darauf geachtet werden, dass die Wurzeln möglichst weit ausgebreitet werden und perfekten Bodenschluss bekommen. Gerne darf dabei mit einem Stock die aufgefüllte Erde gestampft werden, um alle Luftblasen auszuschließen. Durch kräftiges Gießen werden alle kleinsten Löcher mit feiner Erde vollständig geschlossen.

Wurzelnackt: schnell pflanzen

Einheimische Sträucher, Rosen und Bäumen werden auch wurzelnackt angeboten. Diese Pflanzen werden in der Regel auf Feldern der Baumschulen in Reihen entweder direkt aus Samen oder als Stecklinge gezogen und bei der verkauffähigen Endgröße im Alter von drei bis fünf Jahren direkt aufgepflügt. Die freigelegten Wurzeln, freigeschüttelt von Erde, plus die gewachsenen Äste und Stämmchen darüber kommen dann in den Verkauf. Die Pflanzen sind deutlich preiswerter, lassen sich leicht transportieren und wachsen als Jungpflanzen oft besser an als Topfware, sofern die Wurzeln und die Äste vor der Pflanzung mit einer Rosenschere deutlich eingekürzt werden.

Zu beachten ist, dass die Pflanzen möglichst zeitnah wieder in den Boden kommen. Eine kurzzeitige Lagerung lässt sich, eingeschlagen in feuchte Säcke und vor Sonnenlicht und Austrocknung geschützt, überbrücken. Regelmäßiges Gießen auch schon in den Wintermonaten ist enorm wichtig, bis sich ein ausreichendes Wurzelwerk ausgebildet hat. Wenn sie dann aber Fuß gefasst haben im Boden, wachsen sie, schon von klein auf an nur normalen Ackerboden gewöhnt, viel besser in deinem Boden an als Topfware, die im Topf selbst kräftig mit Dünger und Humus versorgt wurde. Die einzigen Nachteile von wurzelnackten Pflanzen sind, dass nicht alle Pflanzenarten verfügbar sind, der Pflanzzeitraum auf die Herbst- und Wintermonate beschränkt bleibt und mit einem verzögerten Austrieb zu rechnen ist.

DIE MACHT DER ZWIEBEL

Blumenzwiebeln gehen immer und fast in jeder Umgebung, ob Wiese oder Hecke, im Halbschatten oder in voller Sonne. Die Schneeglöckchen und Winterlinge beginnen oft schon Ende Februar, bald folgen die Krokusse in unterschiedlichen Farben mit rosa, gelb, blau und violett. Die Zwerg-Iris strecken sich sehr grazil und doch ausladend in der Blütenform gerade in mageren Beeten ans Licht. Sternhyazinthen und Blausterne bilden ganze Teppiche und der Lerchensporn macht sich in violett und seltener als Albinoform unter alten Bäumen breit. Ab April zeigen sich Buschwindröschen in den Hecken und Schachbrettblumen auf feuchten Wiesen. Kaiserkronen strecken sich mächtig nach oben, um ihre Blüten in rot oder gelb nach unten hängen zu lassen. Dann beginnt die Zeit der Narzissen gefolgt von den Tulpen bis in den Mai. Der Sommer ist die Zeit der Lauche. Giganten gibt es unter ihnen ebenso wie sehr aparte kleine Arten, die hervorragend in Steingärten zurechtkommen. Die Lilien zünden das letzte Feuerwerk, bevor die Herbstzeitlosen und Herbstkrokusse vom Ende des Blütenjahres künden.

Pflanzzeit Herbst

Gekauft werden Blumenzwiebeln im Herbst, dann steht eine große Auswahl zur Verfügung. Die Pflanzung ist einfach, die Zwiebeln kommen in die doppelte bis dreifache Tiefe ihrer eigenen Größe in den Boden. Achte darauf, das die Triebspitze nach oben zeigt und der Wurzelansatz nach unten. Angegossen wird nicht, die Winterfeuchtigkeit reicht aus, um im Frühjahr das Wachstum anzuregen. Solange der Boden nicht gefroren ist, kann gepflanzt werden. Gerade im November oder Dezember werden die letzten Zwiebeln mit enormen Abschlägen verkauft, da darfst du gerne für ein Schnäppchen zuschlagen. Mit einem Fingerdruck kannst du leicht die Qualität der Zwiebeln prüfen, sie sollen fest sein und bei Druck nicht nachgeben.

(K)ein bisschen Pflege

Nach der Blüte ist es wichtig, das Laub einziehen oder braun werden zu lassen. Grüne Blätter dürfen weder abgeschnitten noch gemäht werden, da sonst die Energie der Blätter verloren ist und nicht in die Zwiebel zurückwandern kann. Deswegen dürfen Wiesen, auf denen dauerhaft und über Jahre Krokusse wachsen sollen, nicht vor Ende Mai gemäht werden.

Ein großes Problem stellen Mäuse dar. Sie lieben Blumenzwiebeln als Kraftfutter. Wenn also aus der Nagetierwelt Probleme drohen, ist es besser, sich nur auf Schneeglöckchen, Narzissen und Kaiserkronen zu beschränken. Diese bleiben am ehesten verschont.

Stinsenpflanzen brauchen uns nicht

Besonders interessant sind in diesem Zusammenhang die sogenannten „Stinsenpflanzen". Sie können nach ihrer Pflanzung an geeigneten Standorten ohne menschliches Zutun überleben, sich vermehren und sogar verwildern. Damit werden sie von alleine zu einem Bestandteil der natürlichen Vegetation. Die meisten dieser wunderbaren Pflanzen gehören zu den Zwiebelpflanzen und Frühjahrsblühern. Sie begeistern durch intensive und farbige Blütenteppiche unter Sträuchern, in der Hecke oder auf der Wiese.

AUSWAHL STINSENPFLANZEN

Für die blaue Stunde: Gewöhnliche Sternhyazinthe (*Chionodoxa luciliae*), Elfen-Krokus (*Crocus tommasinianus*), Traubenhyazinthe (*Muscari armeniacum* und *botryoides*), Sibirischer Blaustern (*Scilla siberica*)
Für die gelbe Pracht: Frühlings-Krokus (*Crocus vernus*), Winterling (*Eranthis hyemalis*), Wilde Tulpe (*Tulipa sylvestris*)
Für die weiße Unschuld: Schneeglöckchen (*Galanthus nivalis*), Nickender Milchstern (*Ornithogalum nutans*)

BLAUSTERNCHEN LÄUTEN DIE „BLAUE STUNDE" EIN.

FEATURE

Die Begriffe im Überblick

Arten oder Sorten – was ist ökologisch wertvoll?

Jede Pflanze wird durch einen botanischen Doppelnamen klar benannt. Das erste Wort bezeichnet die Gattung, wie etwa *Geranium* für Storchschnabel. Das zweite Wort benennt die Art und nimmt Bezug auf typische Eigenschaften oder Besonderheiten der bezeichneten Pflanze, wie etwa Lebensraum, Wuchsform, Blütenform, Verbreitung oder sogar die Person, die die Pflanze als erstes entdeckt hat. So benannte Pflanzen kommen irgendwo auf der Erde wild vor, sind also dort einheimisch und werden auch als botanisch gekennzeichnet. Durch Zucht werden aber neue Pflanzen geschaffen, diese nennt man Sorten. Die Zucht kann die Farbe der Blüte und Anzahl der Blütenblätter, den Nektargehalt, die Wuchskraft, die Widerstandskraft gegen Krankheiten und vieles mehr verändern. Bei Obst und Gemüse kann dies durchaus Vorteile für den Menschen mit sich bringen. Die ökologische Wertigkeit nimmt aber bei Sorten von Stauden mehr oder weniger immer ab. Eine „falsche“ Blütenfarbe kann die Pflanze für die hoch spezialisierten Insekten wertlos machen, da sie die Sorte nicht mehr als „ihre“ Pflanze erkennen. Vergrößerte Blüten sind dann vielleicht mit den Mundwerkzeugen der Insekten nicht mehr zu erreichen. Anders gefärbte Blätter vermindern die Tarnfähigkeit von fressenden Raupen und so werden sie für Fressfeinde leichter sichtbar.

Der Sortenname wird hinter den botanischen Doppelnamen meist in Apostrophen angehängt. Es handelt sich dabei um Fantasienamen, Prominente, Persönlichkeiten oder die Verewigung der Züchter selbst. Diese „künstlichen“ Kreationen werden urheberrechtlich geschützt und überschwemmen den Pflanzenmarkt. Viele Gärtner tappen in die Sammelfalle und jagen beständig neuen Sorten der Stauden oder Rosen hinterher. Wenn du starke Pflanzen haben willst, die sich selbstständig in die Natur eingliedern, lass die Sorten einfach links liegen und besorge dir ausschließlich Arten.

Auf den ersten Blicke: Salvia (= Gattung) nemorosa (= Art) 'Sensation Deep Sky Blue' (= Sorte).

Samenfest, Bio oder doch Hybrid?

Gerade, wenn man mit der Anzucht startet und wenig Erfahrung hat, können die ganzen Fachbegriffe erschlagend sein. Wir helfen dir, einen Überblick zu bekommen! Samenfest, oder „open source", bedeutet, dass die Pflanzen reproduktionsfähig sind. Man kann also aus der Ernte neues Saatgut gewinnen, somit sichert man den ökologischen Kreislauf! Bio-Saatgut bedeutet, dass das Saatgut aus einer biologischen Anzucht gewonnen wurde. Das heißt aber nicht, dass es auch samenfest ist. Hybrid-Saatgut ist nicht reproduktionsfähig und lizensiert. Die Folgegeneration wird oft Früchte mit anderen Merkmalen bilden, oder es wächst gar keine Pflanze. Um die gleiche Pflanze im nächsten Jahr anzubauen, muss man sich neues Saatgut kaufen.

#machsnachhaltig

GET STARTED!

20 PFLANZPLÄTZE PRAKTISCH UMSONST.

Bepflanzung for nothing

Tatsächlich brauchst du für einen kleinen Beginn weder Geld in die Hand zu nehmen noch groß auf Shoppingtour zu gehen. Alles, was du brauchst, findet sich in der Regel in deiner unmittelbaren Nähe. Wichtig sind der Boden als Substrat zum Wachsen, ein Gefäß und die Pflanzen!

Mit einem Erdsieb und einem Eimer ausgestattet – zur Not reicht auch ein Nudelsieb – hast du schnell an Hecken oder Gebüsch auf Grünflächen, neben einem Kompostbehälter oder von den Maulwurfshaufen Erden gewonnen und untereinander gemischt zu guter und krümeliger Pflanzerde.

Upcycling

Zuhause eigenen sich nun theoretisch alle Gefäße zum Befüllen, ob es sich nun um leere Joghurtbecher, Gläser, Konservenbüchsen oder halbierte Plastikflaschen handelt. Deiner Kreativität sind keine Grenzen gesetzt, die Gefäße müssen nicht zwangsweise Löcher im Boden für den Wasserabfluss besitzen. Ist kein Abzug vorhanden, musst du dich beim Gießen zurückhalten. Sind Löcher vorhanden, braucht es Untersetzer für das abfließende Wasser. Wenn dir die Gefäße zu schnöde vorkommen, alles lässt sich bemalen oder in Geschenkpapier einpacken.

Besonders effektiv und nett ist die Idee mit einer Eierschachtel. Du löffelst deine gekochten Eier wie gewohnt aus und stellst die leeren Schalen in die Schachtel zurück. In den Deckel legst du eine Plastikfolie vom vielen Verpackungsmüll und stellst fünf halbierte Toilettenpapierrollen dazu. Schon hast du umsonst 20 Pflanzplätze gewonnen. Willst du irgendwann einmal deine Pflanzen aussetzten, werden die Eierschalen einfach in der Faust vorsichtig zerdrückt und wie die Kartonrollen direkt in die Erde eingesetzt. Du hast genug Erde in den Töpfchen, um erfolgreich deine eigenen Radieschen auf der Fensterbank zu ziehen.
Fensterbänke sind schmal, deswegen sind auch lange Gefäße grundsätzlich eine Überlegung wert. Genial wäre, wenn du dir ein Stück Dachrinne, links und rechts offen, sichern könntest – ideal für eine Reihenpflanzung etwa von Erbsen oder Salat. Wenn die Pflanzen groß genug sind, kannst du die Pflanzreihe direkt und vorsichtig in eine vertiefte Pflanzgrube rutschen lassen und alles schön festdrücken. Die Pflänzchen werden dann problemlos im vorgeschriebenen Pflanzabstand weiterwachsen.

Pflanzen for free!

Mit einem Messer oder einer kleinen Schaufel ausgestattet, kannst du auch zu Pflanzen kommen. In vielen Pflasterritzen entlang des Gehsteiges, an Bordsteinkanten oder auf Parkplätzen, in Steinmauern, auf Schuttplätzen oder in Baugebieten finden sich eine Vielzahl von Pflanzen, die dort unbemerkt vor sich hin wachsen. Das Problem dabei: Viele von diesen Pflanzen wirst du am Anfang ohne Blüten nicht kennen. Doch durch Beobachtung und Betrachten der Pflanzen an ihrem Standort über einen längeren Zeitraum wirst du auf lange Sicht zum Experten.

Auf längeren Spaziergängen in Feld und Wald werden dir dann mit der Zeit viele Pflanzen auffallen, die du abstechen oder deren Samen du ernten kannst, um die Vielfalt auf deinem Balkon oder Garten zu vermehren. Aber Achtung, Finger weg von geschützten Pflanzen. Erkenne deine Verantwortung auch gegenüber der Natur draußen und bewahre sie, wo immer du kannst.

Mit deiner Erde vorgezogene Erbsen rutschen ins Freiland.

#machsnachhaltig

Einfach ernten ... so gehts!

Die Wildkräuter

Überall sprießt es draußen, alleine durch die Kraft der Natur. Du musst eigentlich nur mit einem Messer und einer Schüssel losgehen und dir deinen Vitaminkick auf den Esstisch holen. Ob als Salat, gedünstetes Gemüse oder Smoothie, das spielt keine Rolle. Zu fast jeder Jahreszeit, auch im Winter, kann der Kenner unterschiedliche Wurzeln, unterirdische Triebe oder sogar Zwiebeln vieler einheimischer Pflanzen ernten. Der Einsteiger wird sich auf Blätter, Triebe oder Stängel, Blüten und Blütenknospen beschränken. Jede Pflanze hat einen eigenen intensiven Geschmack. Ist dieser zu stark, kannst du gut beim Zubereiten mit eher neutral schmeckenden grünen Salatblättern oder Spinat mischen.

Es macht viel Spaß, Pflanzen über diesen Umweg des „Ich will dich essen" kennenzulernen. Einfache Einsteigerpflanzen wirst du sicher beim ersten Mal erkennen, auch wenn sie noch klein sind und noch keine Blüte oder andere deutliche Bestimmungsmerkmale ausgebildet haben. Brennnessel, Löwenzahn und Giersch sind die drei wichtigsten und häufigsten Pflanzen, die sich für eine solche Ernte eigenen. Andere Pflanzen wie Scharbockskraut (*Ficaria verna*), Großer Sauerampfer (*Rumex acetosa*), Wiesenschaumkraut (*Cardamine pratensis*) und Vogelmiere (*Stellaria media*) kannst du in der Regel auch blütenlos sicher erkennen, wenn du einmal bewusst die ausgewachsenen Pflanzen mit den Blüten betrachtet hast. Vorsichtig solltest du sein bei Bärlauch, der immer wieder verwechselt wird mit den sehr giftigen Blättern des Maiglöckchens, obwohl Duft und Geschmack unverwechselbar und einzigartig sind. Auch Doldengewächse sind dem Einsteiger nicht zu empfehlen, da hier neben aromatischen Pflanzen wie Wiesenkerbel (*Anthriscus sylvestris*) und Duftender Süßdolde (*Myrrhis odorata*) auch giftige Arten wie Hundspetersilie (*Aethusa cynapium*) und Gefleckter Schierling (*Conium maculatum*) vorkommen.

Blühender Feldsalat am Wegrand und im kommenden Jahr kannst du wieder ernten.

Sammelplätze

Jeder Spaziergang kann dir eine kleine Ernte einbringen. Nimm nur so viel an Grünzeug mit nach Hause, wie du auch verwerten kannst. Häufig wird vor dem Fuchsbandwurm gewarnt, die Anzahl der Neuerkrankungen ist aber verschwindend gering bzw. geht gegen Null. Gründliches Waschen des gesammelten Grüns kann hier jede Infektion ausschließen. Bedenklicher ist die Kontamination mit Giften oder Spritzmitteln. Hier gilt es öffentliche Flächen, Straßenränder und Ackerlandschaften zu meiden und sich eher an Waldrändern oder auf Streuobstwiesen umzusehen.

Gepflanzte Ernten

Im Umfeld von Hecken oder Sträuchern, sogar in Staudenbeeten gibt es immer Flecken, die durch die Belaubung der Sträucher selbst verschattet sind und im Sommer kaum andere Vegetation aufweisen. Bevor die Sträucher aber ihre Blätter zeigen, fällt auf diese Bodenbereiche Licht und Niederschlag und ermöglicht Wachstum für einjährige Kräuter. Besonders geeignet für diese Stellen sind Feldsalat (*Valerianella locusta*), Postelein (*Claytonia perfoliata*) und Portulak (*Portulaca oleracea*). Du musst dazu nur ein paar Pflanzen stehen und sich selbst aussamen lassen. Wenn das gut funktioniert, kannst du dein Experiment auch auf die etwas anspruchsvollere Senfrauke (*Eruca sativa*), die Schmallblättrige Doppelsame (*Diplotaxis tenuifolia*), Mangold (*Beta vulgaris*) und Kerbel (*Anthriscus cerefolium*) ausweiten, die allesamt auch im Sommer selbst Licht und Wasser brauchen. Aus diesem Grund sollten sie auch nicht ganz so nah an den Sträuchern wachsen.

PFLANZEN RUNDUM STÄRKEN

Wellnessprogramm für Boden & Pflanzen: Entweder du lässt dir gezielt vom Regenwurm helfen oder du hilfst dem Regenwurm durch Kompost, Mulch oder Gründüngung. Kluge Anbaustrategien und Pflanzenkombinationen fördern die Widerstandskraft der Pflanzen und deren gegenseitige Unterstützung. Mit weiteren natürlichen Zuschlägen setzt du das letzte i-Tüpfelchen, ohne auch nur einmal an mineralischen Dünger gedacht zu haben.

KOMPOST

Vielleicht war es irgendwann vor langer Zeit eine nur zufällige Erkenntnis, die den Menschen zum Kompost führte. Alles nicht mehr Verwertbare wurde auf einen Haufen oder in ein Loch geworfen, die eigenen Ausscheidungen und die der mitwohnenden Tiere, Überreste von den Mahlzeiten genauso wie Asche oder Kohlereste von den Feuerstellen und zerbrochene Tongefäße. An diesen Gruben dürfte das Pflanzenwachstum explodiert und die Erkenntnis gewachsen sein, dass das eine mit dem anderen im Zusammenhang steht.

Im Amazonasgebiet Südamerikas findet man heute noch mächtige Schwarzerde-Ansammlungen, die sogenannte „Terra preta“, die so entstanden ist. Wissenschaftliche Forschungen haben ergeben, dass dort große Siedlungen von Indianern von pflanzlichem Anbau gelebt haben.

Vom Mist- zum Komposthaufen

In unserem Kulturkreis war der Misthaufen das Sammelbecken für alle organischen Stoffe. Irgendwann wurde dann alles als Dünger auf die Felder gebracht. Im kleinen Maßstab und ohne Mist von vielen Tieren entsteht ein Komposthaufen. Dazu werden heute unterschiedliche Behälter verwendet, aus Holz und Paletten, aus verzinkten Platten oder Streckmetall. Es gibt geschlossene Behältnisse aus Plastik als Thermo- oder Schnellkomposter, die so gebaut sind, dass die Wärmespeicherung und die Belüftung optimiert sind. Egal, in welchem System kompostiert wird, wichtig ist immer eine gute Durchlüftung, das Material soll weder zu nass noch zu trocken sein. Der perfekte Platz liegt deswegen windgeschützt und im Halbschatten. Selbstverständlich ist der Kompost leicht zugänglich, um immer wieder Material zufügen zu können. Gut geeignete Kompostmaterialien sind alle organischen Abfälle aus dem Haushalt, die bei der Zubereitung der Speisen anfallen, Kaffeesatz und jegliche Pflanzenreste aus dem Garten. Grobe Materialien, wie Äste und Zweige, werden mit einem Häcksler zerkleinert. Sparsam in der Menge oder überhaupt nicht zugefügt werden Zitrusfrüchte, Öle, Papier, Tierkot oder gekochte Speisereste, da sie sich nur langsam zersetzen. Nicht geeignet sind Asche, nichtorganische Bestandteile und Straßenkehricht.

Kalt- und Heißrotte

In der Regel bleibt es unter diesen Bedingungen bei der sogenannte Kaltrotte, eine Verrottung, die langsam und kontinuierlich durch die fressende Tätigkeit hauptsächlich von Regenwürmern bestimmt wird. Es entsteht keine nennenswerte Temperaturerhöhung innerhalb des Haufens.

Ganz anders ist die Heißrotte, hier werden gezielt bestimmte Bestandteile im richtigen Verhältnis gemischt, um die Arbeit von Mikroorganismen in Gang zu setzen und zu beschleunigen. Diese lieben ein spezielles Verhältnis zwischen Kohlenstoff (C) und Stickstoff (N) in ihrer Umgebung. Das C / N-Verhältnis sollte bei 25 zu 1 liegen. Sägemehl, Getreidestroh, Strauchschnitt oder Laub beinhaltet viel Kohlenstoff und müssen mit Materialien gemischt werden, die prozentual mehr Stickstoff enthalten, wie etwa Rasenschnitt, Kot oder Gründünger. Auch mit Zugaben von Hornmehl, Schafwolle oder Brennnesseljauche kann der Stickstoffanteil erhöht werden. Passt dann die Mischung, fühlen sich die Mikroorganismen pudelwohl, vermehren sich schlagartig, spalten dabei Kohlehydratmoleküle auf und treiben über chemische Vorgänge die Temperaturen als Zeichen hoher Aktivität im Haufen auf über 50 °C oder 60 °C. Die Rotte verläuft dabei sehr schnell, Unkrautsamen, Pilzsporen und Krankheitserreger werden zerstört, es findet eine sogenannte Hygienisierung statt. Würmer sind an diesem Prozess nicht mehr beteiligt, sie tolerieren kaum Temperaturen über 25 °C und ziehen sich in den kühleren Untergrund oder die Randbereiche des Komposts zurück.

Alle Prozesse laufen dabei aerob ab, das bedeutet, sie benötigen Sauerstoff. Wird mit der Grabegabel belüftet oder der Haufen komplett gewendet, werden die Prozesse und die hohe Temperatur über mehrere Wochen weiter aufrechterhalten. Fehlt Sauerstoff, weil das Material zu dicht gelagert oder zu nass ist, gewinnen anaerobe Mikroorganismen die Oberhand, die dann eher Fäulnisprozesse in Gang setzen und schlecht riechen.

Die Komposternte

Gewiefte Gärtner messen die Temperatur mit einem Thermometer und können so den Reifegrad und den Zustand des entstehenden Komposts im Inneren des Haufens bestimmen. Nach einigen Monaten kann dann das „Gold des Gärtners“ geerntet werden. Mithilfe eines Kompostsiebs oder elektrischen Rollsiebs wird zunächst Frischkompost ausgesiebt. Er hat die größte Düngewirkung, ist noch etwas grob, kann aber bei allen starkzehrenden Pflanzen als Kraftfutter eingesetzt werden. Die gröberen Bestandteile können wieder in den Kompostbehälter zurückgeworfen werden. Wartet man noch länger, wird das Material immer krümeliger, feiner und dunkler. Jetzt gewinnt man den Reifekompost. Er besitzt eine langsame Düngewirkung und lässt sich hervorragend zur Bodenverbesserung und zur Herstellung von Erden verwenden.

Bokashi

Im Haushalt werden kleine „Küchenkomposter“ immer beliebter. Die Erfindung aus Japan, auch Bokashi genannt, hilft bei der Entsorgung organischer Reste. Der Begriff selbst bedeutet „Abstufung“, „Verminderung“, also das langsame „Dahinschwinden“ des Abfalls.

Hier können auch gekochte Speisen, die auf einem normalen Kompost nur in geringen Mengen zugegeben werden sollen, wie etwa Fleisch, Fisch, Milchprodukte und Soßen entsorgt werden. Nur Knochen oder Fischgräten sind tabu. Es findet dabei jedoch keine Kompostierung, sondern eine Fermentierung des Abfalls statt. Dazu werden eine luftdicht verschließbare Box oder ein Eimer benötigt, versehen mit einem Ablaufhahn.

Im Handel werden mittlerweile viele verschiedene Komplettlösungen angeboten. Das Abfallmaterial wird zerkleinert und schichtweise in das Behältnis eingefüllt, gepresst und mit Ferment aus effektiven Mikroorganismen (EM) bestreut oder mit Flüssig-EM mittels einer Sprühflasche besprüht. Danach wird die Box luftdicht verschlossen. Immer wenn Material anfällt, wiederholen sich die beschriebenen Schritte, bis der Eimer ganz voll ist. Die zugesetzten EM helfen, die Entstehung von Faulgasen oder unerwünschten Schimmelpilzen zu unterdrücken und die Fermentierung zu begünstigen. Dann darf der volle Eimer an einem warmen Ort ohne direkte Sonneneinstrahlung für 2 bis 4 Wochen ruhen. Jeden zweiten Tag ist über den Hahn entstandener „Bokashi"-Saft abzulassen. Dieser Saft hat sich schon als Abflussreinigung von Spülbecken und ähnlichem bewährt. Dieses Konzentrat wird 1:100 mit Wasser gestreckt und ist dann zur direkten Düngung oder Wässerung beim Gießen verwendbar.

Nach der Reifezeit, das Material riecht jetzt säuerlich und kann einen weißen Belag aufweisen, wird der Eimerinhalt weiter veredelt. Zu beachten ist, dass ausgebrachter Bokashi den pH-Wert in seiner Umgebung stark senken kann. Das mag für Pflanzen, die saure Verhältnisse lieben, wie etwa Blaubeeren, günstige Auswirkungen haben, andere Pflanzen tolerieren dies aber nicht, da deren Wurzeln beschädigt werden. Deswegen wird der Eimerinhalt zur Neutralisation des pH-Wertes in einem richtigen Komposthaufen oder direkt im Boden in ausreichendem Abstand von 20–30 cm zu begünstigenden Pflanzen vergraben. Dort setzt dann eine Verrottung ein, das Material zersetzt und der gesamte Kreislauf schließt sich. Bei der Fermentation sind hochwertige Stoffe, wie etwa Enzyme, Antioxidantien, Vitamine oder Aminosäuren entstanden, die dem Bodenleben zugutekommen.

Zerkleinert kann eigentlich fast alles Organische dem Bokashi zugeführt werden.

#machsnachhaltig

WURM-WATCHING

Das Wurmglas

Um einmal zu erleben, wie rasant die Würmer Erdschichten miteinander vermischen, Gänge graben und futtern können, kannst du dir ganz leicht eine kleine Beobachtungsstation bauen. Vielleicht hast du Kinder, die daran großen Spaß haben werden und nebenher richtig viel lernen. Du benötigst: ein großes Glas, zum Beispiel ein Einmachglas mit weiter Öffnung. Erde aus dem Garten, etwas groben Kompost (oder Laubmoder) wenn vorhanden, Sand, Kartonschnipsel, Futter für die Regenwürmer und natürlich die Würmer selbst. Pro Liter etwa fünf Würmer. Nun schichtest du die verschiedenen Substrate nacheinander in das Glas. Sollten sie sehr trocken sein, feuchte sie mit einer Sprühflasche und Regenwasser an. Zuunterst die Kartonschnipsel, da sie überschüssiges Wasser aufsaugen. Dann Erde, Sand, Kompost, Erde, Sand, Kompost… als letzte Schicht nimmst du Erde. Je unterschiedlicher die Substrate in der Farbe sind, desto besser lässt sich im Verlauf die Durchmischung durch die Arbeit der Würmer beobachten. Obenauf legst du schon Futter bereit, etwa eine Filtertüte samt Kaffeesatz vom Morgen, Gemüseputzreste, Laub oder Grasschnitt. Nun sammelst du dir ein paar Würmer. Vielleicht gibt's bei dir eine besonders ergiebige Wurmstelle im Garten oder einen Nachbarn mit einem aktiven Komposthaufen. Ansonsten kannst du auch am Waldrand unter der Laubschicht ein wenig graben. Die Würmer legst du nun oben in das Glas. Sie werden recht schnell unter das lose aufgelegte Futter kriechen, um dem Licht zu entkommen. Das Glas sollte erschütterungsfrei und möglichst dunkel stehen und nicht fest verschlossen werden, sonst ersticken die Würmer. Ein dünnes Baumwolltuch mit einem Band drumgebunden reicht völlig aus. Zum Beobachten kannst du es dann hervorholen. Am besten machst du täglich ein Foto von der Seite, um später noch zu beweisen, dass es wirklich einmal unterschiedliche Schichten waren, denn lange

Die Würmer im Glas werden die aufgelegten Blätter bald gefressen haben. Sie sind satt und zufrieden bis der Nachschub kommt.

wird das nicht mehr zu sehen sein. Wenn du darauf achtest, dass es nicht zu nass wird, aber auch nicht austrocknet, du immer wieder Futter nachlegst und die Würmer dunkel stehen, kannst du sie so einige Wochen lang beobachten. Vielleicht entdeckst du sogar die an winzige Zitronen erinnernden Eier und kleine, frisch geschlüpfte Würmer. Danach gehören sie aber wieder zurück in den Garten oder gegebenenfalls in deine Wurmfarm.

Auch draußen im Garten kannst du viel für die Würmer tun, denn der Wurm ist eigentlich fast überall bei dem wichtigen Prozess der Verrottung beteiligt und hilft dir unbemerkt gerne.

MULCHEN

Du solltest alles in deinem Garten tun, um den Boden wie in der Natur bedeckt zu halten. Dort wo keine Vegetation möglich ist oder nicht vorhanden sein soll, arbeitest du mit Mulch. Vor der Abdeckung eines Bodens, egal mit welchem Material, sollte der Boden feucht sein. Es gibt viele mögliche Mulchmaterialien und auch viele Anwendungsmöglichkeiten.

Mulch als Ordner

Ein wichtiges Ziel von Mulch kann die biologische Kontrolle von Pflanzen sein. Ein Beet kann etwa durch die vorübergehende Abdeckung mit schwarzer Folie von Unkräutern gereinigt werden. Ein kleiner, frisch gepflanzter Strauch kann durch einen Kragen von Stroh leichter konkurrierende Gräser auf Distanz halten, somit besser anwachsen und sich etablieren. Eine Splitauflage im Steingarten erschwert das Auflaufen von einjährigen Unkräutern zwischen den meist kompakten und zierlichen Steingartenpflanzen. Wege bleiben durch eine dichte Auflage mit Rindenmulch oder Sägespänen lange Zeit frei von Bewuchs. Mit Mulch kannst du also auch ein wenig Ordnung in die Wuchskraft der Natur bringen.

Mulch als Regulator

Sicher ist auf alle Fälle, dass die Feuchtigkeit und die Beschaffenheit des abgedeckten Bodens lange erhalten bleiben. Die Temperatur des Bodens kann durch die Abdeckung gesteuert werden, Folien erwärmen den Boden, organische Materialien kühlen den Boden hingegen ab. Mit all diesen Möglichkeiten wird erfolgreich in vielen Sonderkulturen wie etwa bei Spargel, Paprika, Melonen usw. oder speziellen Situationen, wie Anzucht oder Reifegarantie, gearbeitet, um spezielle Effekte zu generieren.

Mulch als Nährstofflieferant

Das wichtigste Ziel von Mulch ist die langsame Zufuhr von Nährstoffen durch die Verrottung der Mulchauflagen. Je nach gewünschtem Zweck empfiehlt sich ein anderer Mulch oder die Mischung unterschiedlicher Bestandteile. Jeder Mulch hat Vor- und Nachteile. Beliebt und häufig verwendet werden Grasschnitt. Dieser sollte aber auf einem Pflaster vorgetrocknet werden, da er häufig viel zu nass ist und so stark zusammenfällt, dass anaerobe Prozesse mit Fäulnis in Gang gesetzt werden. Stroh verrottet nur langsam und verbraucht ebenso wie Rindenmulch bei der Rotte zunächst Stickstoff. Das C / N-Verhältnis verschiebt sich dann stark in einen ungünstigen Bereich. Laub, von Eiche oder Walnuss, oder gehäckselte Nadelzweige sollten pur

Mulch wirkt vielfältig, das sieht man hier ohne Zweifel.

nicht, sondern immer nur vermischt mit anderen Materialien verwendet werden, da diese Materialien nur schwer verdaulich für die Bodenlebewesen sind. Pappe ist wegen möglicher Zusatzstoffe nicht immer unbedenklich.

Ein weiterer, manchmal sehr großer Nachteil ist, dass sich unter oder innerhalb von organischen Mulchdecken Mäuse und Nacktschnecken extrem wohl fühlen und schwer zu kontrollieren sind, da die Mulchauflagen bei der Flächenkompostierung eher wie Teppiche wirken und schwer verlagert werden können.

Vorteile von Mulchwürsten

Eine Idee ist es deshalb, mit sogenannten Mulchwürsten zu arbeiten. Dabei handelt es sich um extrem fest gedrehte Pflanzenrollen beliebiger Stärke und Länge aus gesensten oder gesichelten Pflanzenmaterial mit einer Mindestlänge von 15 cm. Es ist egal, ob das Material grün und frisch oder angetrocknet oder als Heu verarbeitet wird. Diese einzelnen Rollen werden wie Dominosteine eng an eng auf die gewünschten Flächen ausgelegt. Die Herstellung macht zusätzliche Arbeit, aber die gewonnenen Vorteile liegen auf der Hand. Die Mulchwürste können einzeln jederzeit hochgehoben werden, um Schnecken oder deren Eier zu kontrollieren. Die Dicke kann variabel so gewählt werden, dass hartnäckige Unkräuter keine Chance haben, hindurchzuwachsen. Die Rollen können jederzeit entfernt oder auf andere Flächen verlagert werden.

FEATURE

GRÜNDÜNGUNG

Phacelia fällt nach Frost von selbst in sich zusammen und verrottet zuverlässig.

Es gibt eine breite Palette von Pflanzen, die zwar angebaut aber nicht geerntet, sondern an Ort und Stelle wieder zur verbesserten Nährstoffversorgung in den Boden eingebracht werden. Je nach gewünschten Anforderungen kommen unterschiedliche Pflanzen zum Einsatz. Gerne werden Pflanzen ausgesät, die selbst nicht froststabil sind und im Winter von alleine zusammenfallen, dann entfällt sogar das Mähen des Aufwuchses. Phacelia, die auch noch den Nebeneffekt als Trachtpflanze für Honigbienen besitzt und deswegen Bienenfreund genannt wird, erfreut sich deswegen großer Beliebtheit.

Von hoher biologischer als auch wirtschaftlicher Bedeutung sind Leguminosen. Erbsen, Ackerbohnen, Klee, Wicken oder Lupinen werden eingesetzt, um den Boden zusätzlich mit Stickstoff anzureichern. An den Wurzeln dieser Pflanzen gedeihen die Knöllchenbakterien. Sie besitzen die Fähigkeit, molekularen Stickstoff über den chemischen Umweg von Ammoniak in Wucherungen an den Wurzeln der Pflanzen zu binden und so biologisch verfügbar zu machen.

Der Zwischenanbau von Senf oder Ölrettich vermag etwa schädliche Nematoden im Rübenanbau zurückzudrängen. Allen Gründüngungspflanzen ist gemein, dass sie durch die dichte Aussaat und das schnelle Auflaufen auf der Fläche auch sonstige Unkräuter unter Kontrolle halten.

Mit Pflanzen düngen, die Umwelt schonen!

BAUSTEINE ZUM ERFOLG

Die Drei- oder Vierfelderwirtschaft

Was willst du überhaupt pflanzen? Was möchtest du ernten? Teile deine Wunschpflanzen in die drei Kategorien Starkzehrer – Mittelzehrer – Schwachzehrer und deine Beete in drei oder vier Flächen ein. Das ermöglicht es dir, deine Beete mit dem Anbau rotieren zu lassen. Das Beet für die Starkzehrer bekommt im zeitigen Frühjahr eine gute Portion Kompost, abgelagerten Mist oder etwas anderes Nahrhaftes, um den hungrigen Pflanzen genug Nährstoffe bieten zu können. Dieses Beet bepflanzt du dann im Folgejahr mit Pflanzen aus der zweiten Kategorie, den Mittelzehrern. Im dritten Jahr werden die Schwachzehrer gepflanzt. Im vierten Jahr fängst du entweder wieder von vorne an, fügst dem Beet gute Nährstoffe zu, setzt wieder Starkzehrer und verfolgst damit die Dreifelderwirtschaft. Oder du fügst in das Konzept eine vierte Fläche ein, lässt diese ruhen und gibst der Erde ein Jahr Zeit, um zu regenerieren, etwa mit einer Gründüngung. Das ist das Prinzip der Vierfelderwirtschaft.

Einige Pflanzen der drei Kategorien findest du hier in der Tabelle:

Pflanzenfamilien

Im nächsten Schritt lernst du etwas über die Pflanzenfamilien, denen dein ausgewähltes Gemüse angehört. Als Faustregel sagt man, ein Gemüse derselben Familie soll frühestens nach vier Jahren wieder auf dieselbe Stelle im Beet gepflanzt werden. Das verhindert einerseits, dass der Boden zu stark auslaugt, und es erschwert spezialisierten Schädlingen, Pilzen und Krankheiten einen Angriff. Beispielsweise ein Pilz, der besonders auf Kreuzblütler geht und sie schädigt, verweilt über seine Sporen durchaus einige Jahre im Boden und wartet nur auf den nächsten Kreuzblütler. Er ist also schon da, wenn du dein kleines junges Kohlpflänzchen setzt und kann gleich zuschlagen. Nach vier Jahren „hungern“ ist das Risiko sehr viel geringer.

Starkzehrer	**Artischocken, Auberginen, Gurken, Kartoffeln, Kohl, Kürbis, Lauch, Mais, Melone, Pak Choi, Sellerie, Tomaten, Zucchini**
Mittelzehrer	Rote Bete, Endivien, Erdbeeren, Fenchel, Karotten, Knoblauch, Kohlrabi, Paprika, Pastinake, Radieschen, Salat, Spinat, Stangenbohnen, Wurzelpetersilie, Zwiebeln
Schwachzehrer	**Buschbohnen, Erbsen, Erdkastanie, Feldsalat, Haferwurzel, Kräuter, Mairübchen, Melde, Radieschen, Rucola, Sonnenblumen, Winterpostelein**

Kreuzblütler	Kohlgewächse, Kohlrabi, Kresse, Meerrettich, Pak Choi, Palmkohl, Radieschen, Rettich, Rosenkohl, Steckrübe, Stielmus, Teltower Rübchen, Wirsing
Doldenblütler	**Dill, Fenchel, Knollenfenchel, Knollensellerie, Möhre, Pastinake, Petersilie Stangensellerie**
Korbblütler	Artischocke, Bataviasalat, Chicorée, Eissalat, Endivie, Erdbeeren, Haferwurzel, Kopfsalat, Pflücksalat, Radicchio, Römischer Salat, Sonnenblume
Nachtschattengewächse	**Auberginen, Kartoffeln, Paprika, Tomaten**
Kürbisgewächse	Gurke, Kürbis, Melone, Zucchini
Liliengewächse	**Knoblauch, Lauch, Zwiebeln**
Gänsefußgewächse	Rote Bete, Mangold, Spinat
Schmetterlingsblütler	**Bohnen, Erbsen**

Kulturfolge

Mit dem Wissen um die Pflanzenfamilienzugehörigkeit kannst du planen. Mache dir für dein ausgewähltes Gemüse nun noch folgende Angaben: Was steht wie lang auf dem Beet? Von wann bis wann? Die Pflanze, die am längsten Zeit im Beet verbringt, wird die Hauptkultur. Um diese Pflanze und ihre Ansprüche herum kannst du nun noch eine Vorkultur und eine Nachkultur einplanen.

Ein Beispiel: Deine Hauptkultur sind Tomaten. Etwa ab Mitte Mai, nach den Eisheiligen, kommen sie ins Beet. Da bleibt vorher noch Zeit für Gemüse mit einer raschen Entwicklung, wie Radieschen, Spinat oder Salat. Bis die Tomaten einziehen, kannst du bereits einmal ernten bzw. braucht die Tomate anfangs noch nicht so viel Platz, dass die Vorkultur sofort komplett weichen müsste. Wenn sich die Tomatensaison dem Ende zu neigt, dann ist der Zeitpunkt für die Nachkultur. Entweder du wählst zur Bodenverbesserung eine Gründüngung oder ein Gemüse, das auch bereits kältere Tage und Nächte verträgt. Feldsalat beispielsweise (gehört in die Familie der Baldriangewächse) wird sowieso erst spät im Jahr gesät. Auch Spinat geht gut und ist, falls du ihn nicht mehr ernten kannst, ein guter Gründünger.

Mischkultur

Jetzt kommen noch die sich gegenseitig unterstützenden Pflanzenkombinationen ins Spiel. Ein bekanntes Beispiel sind Möhren und Zwiebeln oder Lauch. Sie kann man nebeneinander pflanzen, damit sie sich durch ihre Düfte gegenseitig die Möhrenfliege bzw. die Lauchmotte und Zwiebelfliege fernhalten.

Salat zwischen Kohl, Radieschen und Rettich kann diese vor Erdflöhen schützen. Knoblauch zwischen Erdbeerpflanzen, Schwarzwurzeln oder Gurken hilft beim Schutz gegen Pilzerkrankungen. Ringelblumen kann man gut überall dazwischen säen

Gut gemischt ist halb gewonnen.

(wenn sie einmal im Garten sind, tauchen sie sowieso jedes Jahr an verschiedene Stellen durch Selbstaussaat wieder auf), um die anderen Pflanzen vor Nematoden zu schützen. Bohnenkraut und Bohnen passen nicht nur in der Küche gut zusammen, sondern das Bohnenkraut hält durch seinen intensiven Geruch auch die schwarze Bohnenlaus in Schach. Ein Allrounder ist die Tagetes. Wählt man die Gewürztagetes, schützt man damit nicht nur alle anderen Pflanzen rundum, sondern kann selbst auch die leicht zitronig schmeckenden Blüten und Blättchen ernten. Es gibt so viele verschiedene Kombinationen, dass dazu komplette Bücher geschrieben wurden.

MILPA ODER DREI SCHWESTERN

Ein erfolgreiches und mittlerweile populäres Beispiel für Mischkultur ist das Milpa-Beet, auch unter dem Namen „Die drei Schwestern" bekannt. Hier unterstützen sich drei Pflanzenfamilien gegenseitig auf kleinstem Raum. Ursprünglich stammt diese Anbauform aus Mittelamerika. Die typischen Pflanzen für die Milpa sind Bohnen, Mais und Kürbis. Der Mais dient den Bohnen als Rankhilfe, gleichzeitig profitieren Mais und Kürbis vom Stickstofflieferanten Bohne und der Kürbis mit seinen großen Blättern beschattet den Boden und schützt ihn so vor Austrocknung und vor Erosion durch starken Regen.

Bohnen, Kürbis und Mais sind nicht miteinander verwandt, aber wachsen doch zusammen.

#machsnachhaltig

LAUBMODER UND LAUBKOMPOST

Sei ein kluger Gärtner!

Ein kluger Gärtner weiß, wie wertvoll die Blattmassen sind, wenn man sie richtig nutzt. Laub ist ein wunderbarer und sehr unkomplizierter Bodenverbesserer.

Man kann frisches Laub einfach direkt als Mulchdecke auf die Beete aufbringen. Besser ist es, das Laub und seine Eigenschaften gezielt zu nutzen. Zwei einfache und effektive Möglichkeiten sind Laubmoder und Laubkompost.

Laubmoderhaufen

Dieser besteht nur aus verrottenden Blättern. Wegen des sehr niedrigen Stickstoffgehalts sind es Pilze, die für die Zersetzung zuständig sind. Bereits nach einem Jahr kannst du den Laubmoder als Mulch verwenden oder in den Boden einarbeiten. Für feineren Humus lässt du ihn noch ein weiteres Jahr reifen. Dieser feinere Laubmoder regt auch das Wachstum feiner Sämlinge merklich an. Laubmoder zersetzt sich langsam und ist darum einer

Buchenlaub zerfällt auch von alleine vor Ort und schützt den Boden . . .

der am nachhaltigsten wirkenden organischen Stoffe. Er verbessert die Krümelstruktur deines Bodens und trägt so zur Fruchtbarkeit bei. Im Grunde ist jedes Laub geeignet.

Für säureliebende Pflanzen, wie Rhododendron und Heidelbeere, eignen sich für den Moderhaufen auch immergrüne Sträucher wie Thuja, Koniferen etc.

Du brauchst nur einen einfachen Behälter. Vier Eckpfosten, die eine Fläche von ca. 1 Quadratmeter eingrenzen, umspannt mit Maschendraht oder Kaninchendraht.

Hast du weniger Platz, funktioniert es auch in einem schmaleren Behältnis, wenn dieses ausgekleidet ist, um den Haufen vor dem Austrocknen zu schützen. Genauso effektiv ist es, die Blätter in einem festen Müllsack zu sammeln und darin rotten zu lassen. Sammle die Blätter nach einem kräftigen Regen, wenn sie gut durchgeweicht sind. Ansonsten musst du sie während des Einschichtens gut wässern. Stopfe dein Behältnis oder den Sack richtig fest voll, um den kompletten Raum auszunutzen.

Nach einem Jahr ist der Haufen sichtbar geschrumpft und kann entweder schon genutzt werden, oder du lässt ihn ein weiteres Jahr rotten.

Laubkompost

Hierfür kannst du ebenfalls von fast allen Laubbäumen das Laub verwenden. Walnuss- und Eichenlaub ist nicht gut geeignet, da es sich extrem schlecht zersetzt und sehr viele Gerbstoffe enthält. Beim Laubkompost wird mit anderen organischen Substanzen gemischt und die Blätter werden vor dem Aufschichten angetrocknet und zerkleinert. Das Zerkleinern geht mit dem Rasenmäher am einfachsten.

So geht's:

- **Schichte das zerkleinerte Laub etwa 30 cm hoch in den Komposter.**
- **Dann eine Handvoll Gesteinsmehl, eine Schicht Kompost oder Erde, ein wenig Mist oder anderen organischen Dünger, wie Hornmehl, dann wieder eine Lage Laub.**
- **Das setzt du solange fort, bis dein Material aufgebraucht oder der Komposter voll ist.**
- **Im Frühjahr wird der Laubkompost einmal umgesetzt. Nur wenige Monate später kannst du herrlichste Erde „ernten".**

... kann aber auch zu einem Laubmoderhaufen aufgetürmt werden.

FEATURE

REGENWURM, DER BODENRETTER

Der Regenwurm ist unabdingbar für fruchtbaren, gesunden Boden. Kein anderes Tier versteht sich so gut darin, aus verrottendem, faulendem Pflanzenmaterial nahrhaften und lebendigen Boden herzustellen wie er.

Wenn wir von Regenwurm sprechen, dann haben wir meist entweder den Tauwurm, (*Lumbricus terrestris*) oder den Kompost- bzw. Mistwurm (*Eisenia fetida*) vor Augen. Das sind die zwei bekanntesten Arten von insgesamt ca. 45 in Deutschland vorkommenden.

Weit verbreitet ist immer noch die Annahme, dass aus einem Wurm einfach zwei Würmer werden, wenn man ihn in der Mitte zerteilt. Der Wurm hat, auch wenn es auf den ersten Blick anders scheint, einen Kopf- und Schwanzteil. Ist der vordere Teil

Die Wahrscheinlichkeit, einen Wurm zu verletzen, ist mit der Grabegabel gering.

nach einer Durchtrennung des Wurms lang genug, dann ist eine Regeneration tatsächlich möglich. Der hintere Teil ist aber kopflos und tot.
Um deine fleißigen Helfer im Boden nicht in Gefahr zu bringen, nutzt du am besten eine Grabgabel. Je weniger du in das Bodengefüge eingreifst, desto besser ist es für die Lebewesen. Wenn es jedoch nötig ist, entstehen mit der Grabgabel weniger Verletzungen und es sind weniger Verluste zu beklagen.
Die verschiedenen Arten der Regenwürmer lassen sich grob in drei Gruppen aufteilen.

- **Die eine Gruppe gräbt vertikale Löcher, die in tiefe Erdschichten reichen und sehr stabil gebaut sind. Von Würmern dieser Gruppe kennen wir die typischen Wurmhäufchen auf den Wiesen oder im Rasen. Der Tauwurm gehört in diese Gruppe.**
- **Die zweite Gruppe bekommen wir eigentlich nie zu Gesicht. Diese sehr blassen Regenwürmer bewohnen in ca. 20 cm Tiefe den Mineralbodenbereich zwischen den Pflanzenwurzeln. Sie graben sich horizontal durch diese Schicht und füllen ihre weniger stabilen Gänge wieder mit ihren Ausscheidungen auf. Ein Vertreter dieser Gruppe ist der Grauwurm (*Nicodrilus caliginosus*).**
- **Für unseren begehrten Wurmhumus ist ein Vertreter der dritten Gruppe zuständig. Der Kompost- oder Mistwurm (*Eisenia fetida*). Er reichert durch seine Ausscheidungen den Boden mit wertvollen Ton-Humus-Komplexen an und macht unseren Kompost dadurch so kostbar.**

In einer sogenannten Wurmkiste machen wir uns den großen Appetit der Kompostwürmer zunutze und lassen uns aus pflanzlichen Abfällen besten Humus zaubern.

Kein Raubtier in der Farm, aber gefüttert werden muss trotzdem.

Wiederbelebung von toter Erde

Mit Wurmhumus aus der Wurmkiste kannst du tote Erde mit neuem Leben regelrecht impfen. Dazu werden einfach 20 % Wurmhumus eingearbeitet. Das reicht aus, um die Erde für deine Pflanzen wieder zu einem nahrhaften Substrat zu wandeln.

KOMPOST-TEE

Verrühre auf eine mittlere Gießkanne einen Esslöffel des Wurmhumus mit Regenwasser. Kräftig umrühren, um Sauerstoff einzubringen.
Die Nährstoffe lösen sich und die Mikroorganismen vermehren sich massiv. Gieße mit diesem Powerwasser deine Pflanzen alle 2 bis 4 Wochen.

FEATURE

NO-DIG-METHODE

„Nicht umgraben" und trotzdem Gemüse ernten, ist ein verlockendes Versprechen, denn das konventionelle Umgraben ist schwere körperliche Arbeit, die man sich gerne sparen möchte.

Bei „No dig" als Methode wird der anstehende Boden nicht bearbeitet, sondern mit seinem Bewuchs überlappend und mehrlagig mit Pappe abgedeckt. Die Form des Beetes kann mit Steinen oder Bohlen eingefasst werden. Die Pappe verdunkelt und verhindert als Barriere ein Weiterwachsen der vorhandenen Vegetation. Mit der Zeit sterben darunter die meisten überdeckten Pflanzen ab. Die Pappe fungiert also als eine für Wasser und Feuchtigkeit durchlässige Sperrschicht, die nach einer gewissen Zeit von alleine verrottet.

Auf diese Sperrschicht wird nun organisches Material, wie Laub, Rasenschnitt, Rindenmulch locker aufgestreut und gleichmäßig verteilt. Dann wird mindestens 20 cm mit feinkrümeligem Kompost aufgefüllt. Jetzt kann in dieses Saatbeet direkt eingesät oder gepflanzt werden. Tatsächlich werden mit weniger Arbeit als beim klassischen Umgraben die Unkräuter unterdrückt, die oberen Erdschichten nicht gestört und eine feinkrümelige Oberfläche geschaffen. Die ausgesetzten Pflanzen werden kräftig wachsen.

Der Boden wird die Folgejahre nur mit der Grabgabel tiefgründig gelockert bzw. belüftet. Durchstoßende Wurzelunkräuter wie Giersch, Quecke oder Ackerwinde können leicht aus dem lockeren Substrat entfernt werden. Jedes Jahr wird neuer Kompost auf die abgeernteten Flächen aufgetragen. Der abgedeckte Boden und die Kompostauflage beginnen, sich auch mithilfe von Lebewesen langsam miteinander zu verbinden und elementar auszutauschen. Der große Vorteil der Methode, das Aufbringen von erstklassigem Kompost, ist zugleich auch der eigentliche Nachteil. Denn dieser Kompost wird gerade zu Beginn des Anlegens der Beete in großen Mengen benötigt.

Die Pappe darf gerne mehrlagig sein – sie sichert nach unten. Besser sind allerdings unbedruckte Kartons.

Auch die verwendete Pappe steht zudem immer wieder im kritischen Fokus. Auch wenn farbige Aufdrucke vermieden, Metallklammern entfernt und Klebebänder abgezogen werden, bleibt ein Restrisiko. Denn Pappe besteht nicht nur aus Zellulose, sondern ist als hochtechnisches Produkt auch mit bis zu 10 Prozent Hilfs- und Zusatzstoffen angereichert, die von außen nicht zu sehen sind, und verbindliche Grenzwerte bei der Produktion gibt es nicht.

„No dig" ist also ein interessanter Ansatz, der sich besonders gut für kleine Flächen oder Gärtner mit Experimentierfreude eignet.

VORTEILE

- kein anstrengendes Umgraben nötig
- insgesamt unkomplizierte Methode
- Unkrautwuchs wird gehemmt
- Bodengefüge bleibt ungestört

NACHTEILE

- große Humusmenge von außerhalb nötig
- Nutzung farbig bedruckter Kartons zwiespältig

PFLANZEN GEZIELT STÄRKEN UND HEILEN

Trotz aller Pflege und Aufmerksamkeit können Krankheiten auftauchen. Die Blätter kräuseln sich, das Gemüse fault, bevor es reif ist oder bekommt unappetitliche Flecken. Kein Grund zur Panik! Wenn die Ursache erkannt ist, kann gezielt geholfen werden. Mit kühlem Kopf und den richtigen Maßnahmen lassen sich Krisen am besten meistern.

WAS IST EIN SCHADEN?

In einem Garten bestimmt der Gärtner selbst, was ein Schaden ist. Sind etwa an den Blättern eines Apfelbaumes Flecken zu erkennen, mag dies für den einen Gärtner keinen Belang haben, da sich noch immer genügend Äpfel im Herbst für den eigenen Verbrauch ernten lassen. Für einen anderen Gärtner, der vom Verkauf seiner Äpfel lebt, kann ein erkennbarer Schaden an den Blättern auch auf eine Erkrankung mit einer Verminderung der Fruchtbildung und Ernte hinweisen. Dieser Gärtner ist aus wirtschaftlichen Gründen auf eine komplette Ernte ohne möglichen Verlust angewiesen und seine Bereitschaft einzugreifen ist deutlich höher ausgeprägt, was auch angebracht ist.

Interessanterweise ist in der heutigen so perfekten Welt auch im Garten der Anspruch an Makellosigkeit extrem, obwohl eine wirtschaftliche Komponente nicht unbedingt vorhanden ist. Finden sich braune Flecken auf den Blättern, entsteht sofort gesellschaftlicher Druck über den Gartenzaun. Was denkt der Nachbar oder der zufällige Spaziergänger darüber? Alle Unregelmäßigkeiten im Garten – und damit die Abkehr von einer vermeintlichen Norm „So muss es sein“ – lassen scheinbar nur einen zwingenden Schluss zu: „Hier wohnt jemand, der entweder faul ist oder keine Ahnung vom Gärtnern hat.“ Aber ist das richtig? Nein!

IMMER MEHR CHEMIKALIEN ...

930 000 Hektar Gartenfläche gibt es in Deutschland. Pro Jahr werden hier ca. 6 000 Tonnen chemische Pflanzenschutzmittel eingesetzt, pro Hektar also rund 6,5 kg. Die Landwirte verbrauchen pro genutzten Hektar Fläche knapp über 5 kg. Der Gärtner ist also spritzwütiger als der Bauer. Der Verkauf von chemischen Mitteln ist seit Jahren in allen Bereichen steigend. Beratung ist mangelhaft oder fehlt und die Anwendungshinweise werden entweder nicht mitgeliefert oder nicht eingehalten.

Die Erwartung von Makellosigkeit

Zu diesen Aspekten kommt noch eine stark emotionale Komponente des Gärtners selbst: Oft hat er eine Rose für 30 Euro gekauft, dazu eine Spezialschere für 60 Euro, Spezialerde für 20 Euro und noch eine Flasche Dünger für 10 Euro. Viel Geld wurde also schon investiert. Diese teure Pflanze bekommt

nun auf den Blättern braune Flecken. Das darf nicht sein, weil man für das eingesetzte Geld Makellosigkeit und pure Pracht erwartet. Es wird also weiterhin viel Geld ausgegeben, um das vorher ausgegebene Geld zu rechtfertigen und das versprochene Ziel zu erreichen. Ein Dilemma, selbstgemacht und unlösbar.

Daraus ergeben sich Konsequenzen. Der Gärtner konzentriert sich auf Kleinigkeiten und verliert den Blick für das Ganze, er verlernt die Fähigkeit, sinnvoll und naturverträglich zu handeln. Der entstandene Zeitdruck erzeugt den Zwang der schnellen Lösung. Oft bleibt nur die Lösung Gift und mineralischer Dünger. Der Gärtner verkörpert für sich selbst das Gute im Kampf gegen das Schlechte. Der Kampf gegen die Schädlinge und das Unkraut wird zum zentralen Thema des Gärtnerns. Der Handel reagiert darauf und füllt seine Regale mit den Lösungen, die Erfolg versprechen. Eine Endlosschleife.

Brich aus und denke neu!

Wenn du aus dieser Schleife ausbrechen willst und nachhaltig Erfolg im Garten haben möchtest, dann muss dir klar werden, dass es im Garten keine Feinde gibt. Nicht alles ist unbedingt dein Freund, aber nichts will dir persönlich Schaden zufügen. So sollten die Begriffe Stärkung, Schutz und Abwehr im Mittelpunkt stehen und zum Leitthema werden. Die Maßstäbe an deinen Garten sollten nicht von aufgesetzten gesellschaftlichen Normen geprägt sein. Hier ist als erstes ein neues Denken gefordert. Der richtige Ansatz muss sein, nicht relevante Schäden als optische Abweichung und als Normalität der Natur auszuhalten. Ein Eingreifen ist dann nicht notwendig.

STÄRKEN FÖRDERN, SCHWÄCHEN AUSGLEICHEN

In den ersten beiden Kapiteln hast du schon eines oft gelesen: Es gilt, gute Voraussetzungen für ein starkes Wachstum zu schaffen. Das muss deine Devise sein. Wachsen unsere Pflanzen, egal ob der wenig beliebte Giersch, die dicke Kartoffel, die zarte Erbsenranke oder der alte Apfelbaum, unter optimalen Bedingungen, dann sind sie kräftig und gesund. Optimal, das heißt: am richtigen Platz, in der richtigen Erde, gut und ausgeglichen ernährt, aber auch nicht verhätschelt, sondern immer wieder auch Unbill ausgesetzt und dementsprechend abgehärtet.

Es gibt nicht das eine Wundermittel, das deine Pflanzen rundum versorgt, stärkt und schützt. Es ist das Zusammenspiel vieler Faktoren und wichtiger Details, die den Erfolg ausmachen. Dazu ist es nötig, genau hinzuschauen und alle Mit-, aber auch Gegenspieler überhaupt zu kennen. Zielführendes Handeln ist dann nicht schwierig.

Schau genau!

In diesem Kapitel liegt der Fokus auf Krankheiten, die durch Bakterien, Viren oder Pilze ausgelöst werden. Tierische Verursacher bekommen ihren Auf-

Sattes Grün, also kein Grund zu klagen.

tritt ab Seite 98. Schau genau hin! Nicht jeder Blattschaden, nicht jeder Fleck, nicht jedes gekräuselte Blatt ist auf eine Krankheit zurückzuführen. Es gibt auch Insekten, die Veränderungen am Gewebe hervorrufen, und auf den ersten Blick selbst nicht in Erscheinung treten. Gallmilben, Gallmücken oder Gallwespen beispielsweise rufen Wucherungen, pockenartige Knubbel, oder richtig aufgeblasene Auswüchse hervor. In den meisten Fällen schadet das der Pflanze kaum oder überhaupt nicht. Ein anderes Beispiel ist die Johannisbeer-Blasenlaus. Erst fällt sie kaum auf, da sie an der Unterseite der Blätter von Johannisbeeren sitzt. Doch dann bilden die Blätter auffällige Blasen, die sich rot bis purpurn verfärben. Bei Schwarzen Johannisbeeren werden diese Blasen gelb. Hinzu kommt, dass der ausgeschiedene Honigtau die Blätter und Beeren klebrig macht. Die Läuse sind nicht lange an den Johannisbeeren, sondern verlassen im Sommer als geflügelte Läuse den Strauch und bevorzugen andere Pflanzen als Zwischenwirt. Erst im Herbst kehren sie zu den Johannisbeeren zurück, um dort ihre Eier an den Trieben abzulegen. Dieses Tierchen kann dich Wichtiges lehren. Die Blasen an den Blättern sind zwar sehr auffällig, schaden deinen Sträuchern aber kaum. Wenn du die natürlichen Zusammenhänge kennst, kannst du dich beruhigt zurücklehnen und gelassen beobachten! Du lässt dich nicht durch Äußerlichkeiten provozieren, denn du weißt es besser. Du hast gelernt, genau hinzuschauen, und erkennst schnell, dass die Blätter sich nicht durch eine Pflanzenkrankheit oder einen Mangel verfärbt und verformt haben, sondern dass diese winzigen Tierchen dafür verantwortlich sind.

Was Pflanzen krank macht

Bei Krankheiten ist ebenfalls alles ein Zusammenspiel von mehreren Faktoren und oft wird durch Verletzungen verschiedenster Art erst eine Eintrittspforte für die Erreger von Pflanzenkrankheiten geöffnet. Diese Verletzungen sind nicht selten auf verschiedene Mitbewohner im Garten zurückzu-

Hier wurde zwar ordentlich geknabbert, aber die Pflanze wächst weiter.

führen. Saugende, raspelnde und knabbernde Lebewesen jeder Größe und Gestalt hinterlassen kleine oder große Wunden. Ebenso hinterlässt der Gärtner selbst immer wieder seine Spuren, wenn er im Beet arbeitet. Schnell ist beim Hacken oder beim Pikieren der empfindliche Fruchtansatz oder der Wurzelhals einer Pflanze beschädigt. Schon besiedeln Pilzsporen oder andere Krankheitsauslöser die Wunde, die wir mit dem bloßen Auge nicht wahrnehmen.

Die Luft um uns herum ist nun einmal immer voll mit einer Vielzahl von Viren, Bakterien und Sporen. Von uns selbst wissen wir, wie schnell eine Erkältung zuschlagen kann, wenn unser Immunsystem herabgesetzt ist. Kalte Füße, im zugigen Flur gewartet oder zu lang auf den noch kalten Steinen gesessen – und schwupp! Niesen, Husten oder vielleicht sogar eine Blasenentzündung macht uns zu schaffen. Aber nicht etwa die Kälte hat uns krank gemacht, nein. Auslöser ist immer ein Virus oder ein Bakterium. Sie haben nur leichteres Spiel, wenn wir zum Beispiel unterkühlt sind. Unser Abwehrsystem arbeitet dann langsamer, wir sind geschwächt.

Egal, wie wir es drehen und wenden: Letztendlich warten all die herumfliegenden Erreger, welcher Art auch immer, nur auf eine Schwachstelle. Da leuchtet ein, warum die Stärkung der Pflanzen an erster Stelle steht.

Right place – right plant

Wenn die Widerstandskräfte und die Vitalität einer Pflanze geschwächt sind, hat das die verschiedensten Ursachen. Die wichtigsten Faktoren sind die Bedürfnisse der jeweiligen Pflanze, die mit dem Boden, dem Kleinklima am Standort im Garten und mit den vorherrschenden Licht- und Wasserverhältnissen abgestimmt sein müssen.

Ein an schattige Verhältnisse angepasster Farn, der es gern humos – je nach Art eher sauer und feuchter – mag, wird im sonnigen Magerbeet sehr schnell eingehen. Genauso wenig wird der sehr nährstoffhungrige Kürbis auf dem bereits abgeernteten Kartoffelbeet vom letzten Jahr gedeihen, wenn hier nicht kräftig zugefüttert wird.

In rauem Klima mit späten Frösten und kurzem Sommer ist der Anbau von Wein, Kiwis oder Pfirsichen nur von wenig Erfolg gekrönt und schnell stellt sich Frust und Enttäuschung ein. Besser ist es, auf vor Ort typisches Obst und Gemüse, regionales Saatgut oder auf Pflanzen und Anzuchten aus einer Gärtnerei vor Ort zu setzen. Auch auf Pflanzentauschbörsen kann man Pflanzen und Saatgut bekommen, das schon seit Generationen an das regionale Klima angepasst und dementsprechend abgehärtet ist.

Äußere Einflüsse, die bedacht werden müssen:

Klima

- **im Wechsel der Jahreszeiten gärtnern**
- **Sonnenstunden**
- **Frostperioden**
- **Niederschlagsmenge**
- **Wind**

Kleinklima im Garten

- **besonders exponierte Lage**
- **Kleingewässer**
- **Hecken**
- **Senkgarten**
- **Hanglage**
- **Windschatten des Hauses**

Daneben spielen natürlich vor allem Bodentyp und Nährstoffe, Wasserzufuhr und mögliche Schadstoffe in Luft, Wasser oder Boden eine zentrale Rolle, ob sich eine Pflanze wohl fühlt und an diesem Ort gedeihen kann.

Auch im lichten Schatten kann so einiges Schöne erfolgreich bestehen.

KRANKHEITEN UND IHRE URSACHEN

Virosen

Mosaik-Krankheiten werden allesamt von Viren ausgelöst. Die Überträger sind in den meisten Fällen Blattläuse, aber auch andere saugende Insekten. Die betroffenen Pflanzen zeigen in unterschiedlicher Ausprägung und in verschiedenen Variationen eine Marmorierung der Blätter. Je nach Stärke des Ausbruchs wird das Wachstum der Pflanze gestört oder die Früchte geschädigt. Gesunde Wachstumsbedingungen und das Abräumen von befallenen Pflanzen sollte eine zu starke Infektion vermeiden. Bei Tulpenzüchtungen wird dieser Virus gezielt eingesetzt, um eine geflammte Zeichnung zu erhalten.

Bakterien bei Kürbisgewächsen

Die Eckige Blattfleckenkrankheit, *Pseudomonas syringae*, befällt Kürbisgewächse. An der Blattunterseite bilden sich durchscheinende Flecken, die durch die Abgrenzung der Blattadern ihre eckige Form erhalten und bei Feuchtigkeit ein milchiges Sekret absetzen. Die Flecken werden später bräunlich, fallen mittig auseinander und gehen auch auf die Früchte über, die dadurch kümmern und faulen. Durch Verletzungen dringt das Bakterium in die Pflanze ein. Feuchtwarmes Wetter begünstigt die Verbreitung. Daher gilt: Gurken nicht von oben gießen oder bei Nässe das Beet bearbeiten.

Bakterien bei Tomaten

Tomaten-Welke, *Clavibacter michiganense*, löst bei Tomaten eine unaufhaltsame Welke aus. Häufig kommt es durch infiziertes Saatgut zu einem Ausbruch. Beim Aufbinden, Ausgeizen oder anderen Pflegemaßnahmen kommt es dann schnell zu einer Übertragung auf die anderen Pflanzen. Es zeigen sich eingerollte, welkende Blätter. Erst nur einseitig, dann auf der anderen Seite und später welkt die gesamte Pflanze und stirbt ab. Gesundes Saatgut ist wichtig. Ausgeizen solltest du am besten nur mit den Fingern, nicht mit einem Messer. Pflegearbeiten grundsätzlich bei trockenem Wetter erledigen.

Pilze

Grauschimmel, Botrytis: ein reiner Schwächeparasit, der seine Schimmelrasen bei feuchtwarmer Witterung über geschwächte Pflanzen und Früchte ausbreitet. Verletzungen durch Hacken, Fraßstellen oder Lichtmangel sind solche Schwachstellen. Kulturfehler wie zu enge Pflanzung und daraus resultierende schlechte Luftzirkulation, zu starke Stickstoffdüngung und schlechte Wasserversorgung begünstigen ebenfalls das Wachstum des Schimmels. Daher gilt: Keine Staunässe und pflanzenstärkende Brühen sind gute vorbeugende Maßnahmen. Befallene Pflanzenteile entfernen und vernichten.

Kraut-, Knollen-, oder Braunfäule

Dieser Pilz (*Phytophtora infestans*) befällt Kartoffel und Tomate. Die Krankheit beginnt bei beiden Gewächsen an den Blattspitzen, breitet sich auf das komplette Kraut aus und kann die Pflanze zum Absterben bringen. Sie geht auf Frucht und Knolle über und lässt diese faulen. Feuchtwarme Witterung fördert den Pilz, der in infizierten Knollen oder in Laubresten überwintert. Die Infektion beginnt oft auf den Kartoffelpflanzen, steckt dann Tomaten an. Kartoffeln und Tomaten sollten darum nie in direkter Nachbarschaft angebaut werden. Kranke Blätter sofort entfernen und vernichten.

Echter Mehltau

Es handelt es sich um verschiedene Pilze, die alle ein ähnliches, namensgebendes, Erscheinungsbild haben. Die Blätter sind mit einem mehlig-weißen Belag überzogen. Das Pilzgeflecht sitzt auf den Blattoberseiten oder anderen Pflanzenteilen und wächst durch die äußere Haut in das Gewebe der Pflanze. Im Gegensatz zu anderen Pilzen profitiert er allerdings von sonnigem Wetter und wächst bei nass-kalter Witterung nicht weiter. Schwülwarmes Wetter bietet ihm beste Voraussetzungen. Befallene Pflanzenteile vernichten, nicht zu dicht pflanzen und blattstärkende Mittel verwenden.

Falscher Mehltau

Diese Pilze dringen durch die natürlichen Spaltöffnungen der Blätter an der Unterseite ein, kommen dadurch tiefer ins Gewebe und richten größeren Schaden an. Es bildet sich unterseits ein weiß-grauer Belag und oberseits zeigen sich gelbe, braune oder rötliche Flecken. Feucht-warme Witterung schafft beste Voraussetzungen für sein Wachstum. Mehltauresistente Züchtungen, Anbau auf sonnigen, luftigen Beeten und die Vermeidung von Spritz- oder Gießwasser auf den Blättern sind ein guter Schutz. Keine kranken Pflanzenreste auf den Beeten liegen lassen.

Rostkrankheiten generell

Diese Pilze sind vielgestaltig und sehr weit verbreitet. Ihren Namen verdanken sie der Färbung des sogenannten Sporenlagers, das rostfarben auf den Blättern zu erkennen ist. Normalerweise ein rein optisches Problem. Bei starkem Befall wird die Pflanze aber geschwächt, die Blätter welken und fallen ab. Feuchte, warme Witterung kommt auch diesem Pilz zugute. Wenn die ersten Anzeichen zu erkennen sind, am besten die befallenen Blätter entfernen und vernichten und pflanzenstärkende Brühen nutzen, um ein gesundes Wachstum der Pflanzen zu fördern.

JAUCHEN UND BRÜHEN

Als sanfte Mittel und Helfer kannst du Pflanzenjauchen, Brühen, Auszüge oder Tee aus Pflanzen oder anderen natürlichen Mitteln ins Spiel bringen. Als Spritzmittel oder im Gießwasser ist die Anwendung einfach und erfordert in der Herstellung nicht viel Aufwand, allenfalls etwas Zeit und das Aneignen von Wissen, welches Mittel in welcher Art wofür eingesetzt wird. Das Sammeln der verschiedenen Pflanzen kann im Idealfall nebenher im eigenen Garten passieren, oder auf einem schönen Spaziergang eingebunden werden. Da es nicht unüberschaubar viele dieser helfenden Pflanzen gibt, ist es auch nicht so schwer, die einzelnen Arten kennen und unterscheiden zu lernen.

Einige der möglichen Pflanzen und ihre Anwendung stellen wir hier vor. Die wichtigste Aufgabe der meisten dieser Spritz- und Gießmittel ist weniger die direkte Bekämpfung im akuten Notfall, sondern der vorbeugende Pflanzenschutz. Viele Brühen und Jauchen bringen wichtige Nährstoffe an die Pflanzenwurzeln und boosten somit regelrecht den Boden ganz gezielt. Auch als Spritzung sind sehr viele Brühen besonders geeignet, um das Blattwerk zu stärken und für Angreifer jedweder Art uninteressant zu machen.

Stark verdünnt sieht es aus wie Gießen, es ist aber „Boosten".

Natürliche Abwehrstoffe

Viele Pflanzen besitzen schädlingsabwehrende Inhaltsstoffe. Das Wissen darum und wie man sich das zunutze machen kann, ist teilweise schon recht alt. Vieles konnte bereits durch wissenschaftliche Untersuchungen bestätigt werden und findet sich auch in käuflichen Mitteln wieder. Der Gärtner, der sich dieses Wissen aneignet, kann sich wichtige und preisgünstige Hilfsmittel herstellen, die ihm besonders in der Abwehr gegen Schadinsekten und Pilzerkrankungen dienlich sind.

Wichtig beim Ansetzen der unterschiedlichen Mittel ist es immer, die gewünschten Inhaltsstoffe bestmöglich aus der verwendeten Pflanze zu lösen, damit sie optimal in die Flüssigkeit übergehen können.

Die wichtigsten Pflanzenauszüge sind Pflanzenbrühe, Tee, Kalter Auszug und – die vielleicht bekannteste Methode – Jauche.

Nach den folgenden Grundrezepten (Seite 84 ff.) lassen sich die gängigen pflanzlichen Mittel herstellen.

Alles, was man braucht, hast du im Garten, Brennnesseln inklusive.

TIPP

In der Praxis haben sich bestimmte Pflanzen zur Herstellung durchgesetzt, theoretisch lassen sich aber alle grünen Pflanzen in Wasser auflösen. Je länger die Flüssigkeit steht, desto mehr Stoffe lösen sich und desto konzentrierter wird der Sud. Alles Stachlige oder Brennende wie etwa von Disteln oder Brennnesseln löst sich auf und verwandelt sich in Flüssigdünger. Eventuell muss mit Wasser nachverdünnt werden. Der faserige Rest kann abgefischt und zur weiteren Verrottung auf den Kompost geworfen werden. Probiere aus, was möglich ist. Rasenschnitt aus dem Fangkorb ergibt etwa wunderbares „Rasenwasser".

#machsnachhaltig

PFLANZENBRÜHE

Grundrezept Brühe

So geht's:

- 300 g frische oder 30 g getrocknete Pflanzenteile mit 10 Liter kaltem Wasser aufgießen und 24 Stunden stehengelassen.
- Das Wasser mit den Pflanzenteilen einmal aufkochen und die Brühe dann 15–30 min bei kleiner Hitze vor sich hin sieden lassen.
- Alles durch ein sehr feines Sieb gießen. Wenn die Brühe mit einem Zerstäuber ausgebracht werden soll, ist es ratsam, die einmal abgegossene Flüssigkeit nochmal durch ein feines Baumwolltuch zu seihen, damit keine Rückstände die Düse verstopfen können.

Mengenangabe kann je nach genutzter Pflanze davon abweichen. Die meisten Brühen sind ein Konzentrat und werden anschließend nach Rezeptangabe verdünnt benutzt.

Der Arbeitsaufwand ist minimal, das Ergebnis fantastisch.

Viele Pflanzen wie etwa Wermut haben auch eine biologische Wirkung.

Beispiel Acker-Schachtelhalm

Wofür: Vorbeugend gegen Pilzerkrankungen, da die Kieselsäure eine Festigung der Blätter bewirkt und Pilzsporen somit nicht so leicht eindringen können. Als Jauche wirkt Schachtelhalm gegen Blattläuse und Spinnmilben oder kann in Kombinationen mit Brennnessel zur Stärkung eingesetzt werden.

Wissenswertes: Gesammelt werden sollte im Sommer. Die Konzentration der Kieselsäure ist im August am höchsten.

Wichtig: Nur der Acker-Schachtelhalm (auch Zinnkraut genannt, *Equisetum arvense*) ist wirksam. Nicht verwechseln mit anderen Arten wie Sumpf-Schachtelhalm (*E. palustre*) oder dem Wald-Schachtelhalm (*E. sylvaticum*)!

Zeitlicher Aufwand: sammeln, ansetzen, aufkochen – insgesamt ca. 24 Stunden.

Was ist zu tun: Sammle 1–1,5 kg des grünen Sommeraustriebs vom Acker-Schachtelhalm oder nutze 150–200 g getrockneten Schachtelhalm. Diesen setzt du wie oben beschrieben in 10 Liter Wasser an. Schachtelhalm muss wegen seiner harten Triebe längere Zeit eingeweicht werden, damit sich die gewünschten Stoffe, in erster Linie die Kieselsäure, auch gut im Wasser lösen. Nach dieser Einweichzeit wird das Kraut 30 min gekocht, dann abgeseiht. Die Pflanzenteile können gut als Mulch genutzt oder auf den Kompost gegeben werden. Verdünne die fertige Brühe 1:5 mit Wasser und fülle sie in einen Zerstäuber. Anders als gewöhnlich wird diese Spritzung vormittags und am besten bei Sonnenschein durchgeführt. Benetze die Blätter deiner Pflanzen und ebenso auch den Erdboden darunter. Am wirksamsten ist es, wenn du die Spritzungen vom Blattaustrieb bis zum Sommer alle 2 bis 3 Wochen wiederholst. Ist bereits eine Pilzinfektion ausgebrochen, dann spritze die Brühe intensiv in kurzen Abständen, etwa 3 Tage hintereinander.

Weitere Brühen und ihre Verwendung

Wermut-Brühe wird nach dem Grundrezept mit 300 g frischem oder 30 g getrocknetem Kraut mit 10 Liter Wasser angesetzt. Unverdünnt gegen Blattläuse und Kohlweißlinge.

Farnkraut-Brühe wird wie die Schachtelhalm-Brühe hergestellt. Genutzt werden kann der Adlerfarn, genauso wie der Wurmfarn. Beide Farne lassen sich gut trocknen und stehen dann schon früh im Jahr zur Verfügung. Frisches Kraut kann ab Juni gesammelt werden. 1:10 verdünnt zur Abwehr von Blattläusen. Auf den Boden aufgebracht kann die Brühe Schnecken abwehren. Unverdünnt gegen Rostkrankheiten oder gegen Schild- und Blutläuse als Winterspritzung.

Rhabarber-Brühe, aus 500 g zerkleinerten Blättern auf 3 Liter Wasser. Unverdünnt gegen Schwarze Läuse gespritzt.

#machsnachhaltig

TEE & KALTER AUSZUG

Grundrezept Tee

Dieser wird genauso hergestellt wie ein Tee für den eigenen Gebrauch. Kochendes Wasser wird über die zerkleinerten Pflanzenteile gegossen. Das Gefäß anschließend abdecken und den Tee 10–15 min ziehen lassen. Nachdem er abgekühlt ist, kann der Tee ebenfalls zur Spritzung genutzt werden.

Rainfarn (*Tanacetum vulgare*)

Zeitlicher Aufwand: Wenn das Kraut bereits gesammelt ist, 15–30 min inklusive Abkühlzeit.

Was ist zu tun: Übergieße 30 g getrocknete Blüten mit 1 Liter kochendem Wasser und lasse den Tee ziehen. Nach dem Abkühlen kannst du ihn unverdünnt sprühen. Im Herbst, Winter und zeitigen Frühjahr sind vorbeugende Spritzungen gegen Obstbaum-Schädlinge empfehlenswert. Im Sommer ist es günstiger, dieses Konzentrat 1:3 mit Wasser verdünnt auszubringen.

Wofür: Zur Abwehr, insbesondere gegen diverse Milben, aber auch Läuse, Frostspanner oder Apfelwickler meiden die damit gespritzten Pflanzen.

Wissenswertes: Es sind die ätherischen Öle im Rainfarn, die wir uns zunutze machen. Sie sind in der gesamten Pflanze enthalten. Am besten von Juli bis September das blühende Kraut sammeln und zum Trocken kopfüber aufhängen.

Wichtig: Rainfarn ist giftig! Insbesondere das in hoher Konzentration enthaltene ätherische Öl Thujon. Es kann schon bei geringen Mengen oder bei empfindlichen Menschen nach Hautkontakt zu allergischen Reaktionen führen. Schwangere sollten das Kraut meiden.

Knoblauch (*Allium sativum*)

70 g frische, ausgereifte Knoblauchzehen zerkleinern und mit 1 Liter heißem Wasser überbrühen. Mindestens 5 Stunden ziehen lassen. Unverdünnt gegen Pilzkrankheiten über gefährdete Pflanzen sprühen.

Möhrenkraut

50 g frisches Kraut mit 1 Liter heißem Wasser aufgießen und abgedeckt 15 min ziehen lassen. Unverdünnt über Zwiebel- und Lauchpflanzen sowie die Erde rundherum gesprüht lenkt der Tee Schadinsekten, wie die Lauchmotte und die Zwiebelfliege, ab und kann diese fernhalten.

Kalter Auszug

Für manche Inhaltsstoffe ist ein kalter Auszug besser, weil sie hitzeempfindlich sind.

Grundrezept: Das gewünschte Kraut mit kaltem (Regen-)Wasser übergießen und für maximal 24 Stunden stehen lassen. Hierbei ist es wichtig, dass der Ansatz nicht in Gärung übergeht. Gärung findet nur bei einer Jauche statt.

Schafgarbe (*Achillea millefolium*)

Zeitlicher Aufwand: etwa 24 Stunden.

Was ist zu tun: Fülle 20 g getrocknete Blüten mit 1 Liter kaltem Wasser in ein Gefäß und lasse diesen Auszug 24 Stunden stehen. Danach presse das Kraut aus und verdünne das gewonnene Extrakt 1:10 mit Wasser.

Wofür: Vorbeugend gegen Pilzerkrankungen. Hat außerdem durch seinen starken Geruch eine Abwehrwirkung gegen Insekten.

Tomatenblätter

Eine Handvoll Tomatenblätter zerkleinert in einen Eimer mit 1 Liter Wasser geben. Das Wasser wird am besten durch die Sonne erwärmt. Nach etwa 3 Stunden wird das Laub ausgedrückt und die Flüssigkeit abgeseiht. Unverdünnt auf alle Kohlpflanzen, um damit Kohlweißlinge von der Eiablage abzuhalten.

Kamille (*Matricaria chamomilla*)

Eine Handvoll Kamillenblüten mit 1 Liter lauwarmem Wasser ansetzen und 12 bis 24 Stunden zugedeckt ziehen lassen. Blüten auspressen, Flüssigkeit 1:5 verdünnt über Pflanzen, Boden und den Kompost geben. Fördert gesundes Wachstum, schützt Pflanzen vor Wurzelkrankheiten und Fäulnis.

Rainfarn in Blüte riecht schon sehr gesund, der Tee ist noch intensiver.

#machsnachhaltig

JAUCHE: SIE GÄRT UND RIECHT ...

Es findet ein Gärungsprozess statt, der je nach Temperatur rund 2 Wochen braucht. Die Pflanzenteile werden möglichst mit Regenwasser in einem Steingut- oder Tongefäß oder einer Tonne aus Kunststoff aufgegossen. Metall ist wegen chemischer Reaktionen weniger geeignet. Edelstahl oder Aluminium sind aber so korrosionsfest, dass keine Bedenken angebracht sind. Jauchen werden überwiegend zur Düngung eingesetzt und so gut wie nie unverdünnt ausgebracht. Beim Verjauchen entstehen unangenehme Gerüche. Gesteinsmehle können die Geruchsbildung etwas mindern. Eine Jauche braucht Sauerstoff, damit sie arbeitet, darum das Gefäß nicht verschließen und einmal am Tag umrühren. Um zu verhindern, dass Tiere ertrinken, oder Insekten ihre Eier in die Jauche legen, mit engmaschigem Netz oder Fliegengitter abdecken. Sobald sich die Pflanzenteile am Boden absetzen, die bräunliche Flüssigkeit klar wird und keine Bläschen mehr aufsteigen, ist der Prozess abgeschlossen und die Jauche einsatzbereit.

Große und Kleine Brennnessel
(*Urtica dioica* bzw. *U. urens*)

Zeitlicher Aufwand: ca. 2 bis 3 Wochen.

Wofür: Stickstoffhaltiger Flüssigdünger. Kräftigend und nährend.

Wissenswertes: Verschiedene Säuren, essenzielle Aminosäuren, Spurenelemente, Mineralien und reichlich stickstoffhaltige Substanzen machen das wehrhafte Kraut so gesund.

Wichtig: Die Zweige werden geschnitten, bevor die Pflanze Samen angesetzt hat. Durch den ständigen Neuaustrieb, kann stetig weiter geerntet werden.

So geht's:

- **Suche dir ein geeignetes Gefäß, das groß genug ist, damit nach der kompletten Befüllung noch gut eine Handbreit Abstand zum Rand bleibt.**
- **Du zerkleinerst die gesammelten Brennnesseln und füllst das Gefäß zu gut zwei Drittel damit. Für kleinere Mengen gilt: etwa 1 kg frische Brennnesseln auf 10 Liter Wasser.**

- Fülle Wasser auf. Am besten steht dein Ansatz sonnig, denn Wärme und Sauerstoff beschleunigen den Zersetzungsprozess. Heftiges Aufschäumen zeigt dir, dass die Gärung eingesetzt hat.
- Rühre die Jauche mindestens einmal am Tag kräftig um. Hin und wieder etwas Gesteinsmehl kann den unangenehmen Geruch etwas binden. Der Prozess ist abgeschlossen, wenn sich die Pflanzenteile am Boden abgesetzt haben, keine Bläschen mehr aufsteigen und die braune Brühe relativ klar ist.
- 1:10 verdünnt in den Wurzelbereich deiner Pflanzen geben. Willst du mit der Jauche eine Spritzung auf die Blätter vornehmen, solltest du sie 1:20 verdünnen. Dieses Mischungsverhältnis eignet sich ebenfalls zum Angießen von Jungpflanzen.

Zwiebel-Jauche

Ungefähr 500 g zerkleinerte Zwiebeln, Zwiebellaub, Zwiebelschalen, Schnittlauch, Knoblauch, etc. auf 10 Liter Wasser. Diese Jauche wird 1:10 verdünnt auf den Boden gegossen oder über Pflanzen gesprüht. Sie wirkt vorbeugend gegen Pilzerkrankungen und stärkend. Über die Möhrenreihen gesprüht wehrt sie die Möhrenfliege ab.

Beinwell-Jauche

Zerkleinerte Stängel und Blätter von Beinwell wie Brennnesseln zu einer Jauche angesetzt. Für eine kleinere Menge 1 kg frische Pflanzen auf 10 Liter Wasser. 1:10 verdünnt auf den Wurzelbereich der Pflanzen geben. Besonders Starkzehrer wie Tomaten, Kohl und Sellerie profitieren von dieser kali- und stickstoffreichen Jauche.

Beinwell kann hervorragend verarbeitet werden und wächst immer wieder nach.

SCHÄDLINGE ORGANISCH KONTROLLIEREN

Die Bedingungen für Schädlinge können je nach Temperatur, Wind oder Niederschlag günstig oder ungünstig sein. Schädlinge gehen entweder zugrunde oder vermehren sich prächtig. Der Gärtner kann ebenso wie die Vielzahl von Nützlingen, die helfend bereitstehen, in diese komplexen Vorgänge eingreifen. Für die passenden Maßnahmen benötigt man genaue Beobachtungsgabe, Wissen, Erfahrung und den richtigen Zeitpunkt.

SCHÄDEN BEMERKEN

Tierische Bewohner schädigen Pflanzen in der Regel mechanisch, es kommt zu Gallenbildungen, Saug- und direkten Fraßspuren. Die entstehenden Schäden sind oft so typisch, dass man, auch ohne das Tier zu sehen, auf den Verursacher Rückschlüsse ziehen kann.

Schlafäpfel und andere Gallen

Verantwortlich für die unterschiedlichsten Gallbildungen sind Wanzen, Käfer, Kleinschmetterlinge, Bohrfliegen und Gallmücken, Blattwespen und hauptsächlich Gallwespen. Die Insekten sind dabei immer an eine einzige Pflanze gebunden. Der Schaden kann also nicht wie eine Krankheit auf andere Pflanzenarten übergehen. Die Gallen entstehen, nachdem ein Insekt seine Eier in die Pflanze gelegt hat. Die Pflanze reagiert auf diese Fremdkörper mit Gewebewucherungen, die sichtbar vom normalen Wachstum abweichen: haarige Fortsätze, bunte Farben und skurrile Formen zeigen sich an Blättern, Zweigen, Früchten oder Wurzeln. Diese geheimnisvollen Gebilde zu entdecken, erfordert meist einen guten Blick. Die Wuchsdeformationen schaden der Pflanze normalerweise nicht, sondern sollten den Gärtner durch ihre Formenvielfalt erfreuen. Am bekanntesten ist die Rosengalle an Rosenzweigen, etwa walnussgroß, mit haarartigen Auswüchsen und rötlicher Farbe. Aus der Volksheilkunde ist sie

auch als „Schlafapfel“ bekannt, weil sie schlaffördernd wirken soll, wenn man sie unter das Kopfkissen legt.
Öffnet man eine Galle, sind in der Regel im Inneren die meist winzigen Larven zu erkennen. Die Larven verpuppen sich in der Galle und verlassen nach dem Schlupf oft die später verholzende Kinderstube durch ein Loch.

Blattläuse und andere Pflanzensauger

Kritischer sind die Schäden durch das Saugen verschiedener Tiere, da hierbei die Pflanzen konkret verletzt werden und in Folge auch Eintrittspforten für Pilze, Bakterien und Viren geschaffen sind, die selbst wieder Krankheiten auslösen können. Solche Pflanzen verlieren über die entstandenen Wunden Flüssigkeit, können degenerieren, sich verformen, vertrocknen und schließlich ganz absterben. Die meisten „Schädlinge“ befallen nur bestimmte Pflanzen und dort auch wieder nur ganz bestimmte Stellen. In Deutschland werden allein 750 verschiedene Blattlausarten unterschieden, die meist auf eine einzige oder wenige andere Pflanzenarten spezialisiert sind. Zu den Pflanzensaugern kommen noch viele Arten bei Zikaden, Milben, Erdflöhen, Blattflöhen, Weißen Fliegen, Schildläusen, Wanzen und Thripsen hinzu, die alle hungrig die passenden Pflanzen besiedeln. Hier gilt es, sich erst einmal einen Überblick zu verschaffen. Es sind interessante Tiere dabei. Mit saugenden Mundwerkzeugen werden das Pflanzengewebe oder direkt die Leitungsbahnen der Pflanzen angestochen. Eine zumindest zeitweise bestehende Flugfähigkeit der meisten Arten ermöglicht den Saugern ein schnelles Übergreifen auf neue und benachbarte Pflanzen. Die Vermehrungsrate der Sauger ist oft rasend schnell und es bilden sich für den Gärtner leicht sichtbare Kolonien aus. Dieses schnell anwachsende Futterangebot in Form von „Frischfleisch“ ruft zeitverzögert eine Vielzahl von Gegenspielern auf den Plan. Hier reicht in der Regel ein wenig Geduld des Gärtners aus, bis das Schlemmen der natürlichen Feinde wie etwa Vögel, Marienkäfer, Florfliegen etc. beginnt und Wirkung zeigt. Dort, wo die Nützlinge gefressen haben, bleiben für das geschulte Auge oft ganze Massengräber an leergesaugten Hüllen der wehrlosen Opfer zurück, bis der nächste Regenguss auch diese Reste zu Boden spült.

Pflanzenfresser

Am auffälligsten sind die Spuren, die verschiedene Insekten und ihre Larven – hauptsächlich aus dem Bereich der Käfer, Schmetterlinge und Blattwespen – hinterlassen, weil sie direkt die Blätter fressen und benagen. Ein aufmerksamer Naturbeobachter wird bemerken, dass die wenigsten Blätter und Pflanzenteile in der Natur makellos daherkommen. Der Angriff der Pflanzenfresser ist allgegenwärtig und bildet durch die Verwertung der Pflanzen die Grundlage der Nahrungspyramide und somit letztendlich auch die Nahrung der Fleischfresser und die Funktionalität des gesamten Systems. Die Pflanzen und die Pflanzenfresser haben während langer Zeiträume ein Wettrüsten begonnen. Immer bessere Mundwerkzeuge und Verdauungsapparate stehen immer ungenießbareren Pflanzenteilen, bewehrt mit Dornen und Stacheln, gegenüber. Die großen Tiere, wie Rehe, Hasen oder Mäuse, begnügen sich nicht mit kleinen Stücken, sondern fressen ganze Stängel, Zweige oder Wurzeln. Die Pflanzen reagieren mit der Produktion von Vitalstoffen auf diesen Angriff aus dem Tierreich und die Tiere lassen ab, um an anderer Stelle oder einer anderen

Wer hat hier gefressen? Aufmerksam beobachten, dann fällt der Groschen.

Pflanze weiter zu fressen. Die Pflanzen können also diese punktuellen Angriffe gut abwehren.

Die meisten Blattfresser sind kein Problem

Zu den Blattfressern gehören neben vielen Säugetieren auch viele Arten aus dem Insektenreich wie etwa Erbsenblattrandkäfer, Kohlerdflöhe, Kohlmotten, Spargelhähnchen, Lilienhähnchen und Miniermotten, um nur einige Vertreter zu nennen. Die Schäden bleiben überschaubar. Dennoch gibt es ein paar Spezialisten, die bis zum Kahlfraß nagen und deswegen wirklich zum Problem werden können. Die Raupen des Kohlweißlings und die Larven des Kartoffelkäfers sind zu Recht gefürchtet, der Maikäfer war früher alle sieben Jahre wegen seines massenhaften Auftretens eine Katastrophe, der ganze Wälder entlaubte. Erwähnenswert in diesem Zusammenhang sind die Gespinstmotten, deren Larven im späten Frühling bestimmte Sträucher, wie etwa Pfaffenhütchen, Traubenkirsche oder Faulbaum komplett mit einem dichten Netz einspinnen, um darunter geschützt vor Fressfeinden alle Blätter zu fressen. Die Sträucher sind an diesen Fraß gewöhnt, erholen sich schnell wieder davon und reagieren mit einem zweiten Neuaustrieb.

Frucht- und Samenfresser

Sehr lästig sind die Schädlinge, die als Larven innerhalb einer Frucht fressen. Denn äußerlich sieht man der Frucht nichts an, sie wirkt lecker und unversehrt. Aber nach dem herzhaften Biss in den Apfel, die Kirsche, die Pflaume oder die Himbeere wird der Geschmack als nicht durchschnittlich erkannt und man blickt überrascht den Maden des Apfelwicklers (ein Schmetterling), der verschiedenen Fruchtfliegen, des Pflaumenwicklers oder Himbeerkäfers ins Gesicht. Die schwarzen kleinen Pünktchen im Fruchtfleisch sind dabei die Kotkügelchen der fressenden Larven. Auch Samen werden als die proteinreichsten Teile einer Pflanze gerne befallen. Die Larve des Haselnussbohrers (ein Käfer) fühlt sich geschützt durch die Nussschale pudelwohl, um irgendwann die Nuss durch ein selbstgebohrtes kleines Loch zu verlassen. Der Erbsenkäfer ernährt sich als Larve innerhalb der wachsenden Erbsenschoten, der Speisebohnenkäfer befällt die ausgereiften Bohnen in der Lagerung.

„Gemeine" Schädlinge

Diejenigen Insekten, die durch Anspruchslosigkeit und Breite ihrer Nahrungsmöglichkeiten die Natur verlassen und in die Häuser geschützt vor der Witterung eindringen, um sich dort neue Nahrungsangebote zu erschließen, sind zu Recht gefürchtet. Der Schaden entsteht durch die Verschmutzung mit Kot und durch die Vernichtung der Vorräte selbst. Lebensmittelmotten und verschiedene kleine Käferarten wie Mehlkäfer, Brotkäfer und Kornkäfer, die auch draußen gut als Einzeltiere überleben, sind innerhalb von Häusern oft sehr schwer in den Griff zu kriegen und benötigen bei einem Befall meist einen erfahrenen „Kammerjäger" zur Bestandskontrolle.

Besonders „gemein" sind Tiere, dich sich dem Blick des Gärtners entziehen und den Angriff gegen die Pflanzen aus dem Erdreich starten. Die Wurzeln sind ebenso von Gallenbildungen, Saugern und Fressern betroffen. Ein direkter Schaden ist oberirdisch nicht zu bemerken, aber betroffene Pflanzen bleiben im Wachstum zurück oder verwelken trotz vorhandener Feuchtigkeit. Hier muss der Gärtner besonders aufmerksam gerade im Frühling, wenn alles Wachstum explodiert, auf zurückbleibende Pflanzen achten und eventuell einen genaueren Blick auf die freigelegten Wurzeln wagen. Ob es sich nun um die Narzissenfliege, Maulwurfsgrille oder die Wühlmaus handelt, oft sind die befallen Pflanzen nicht mehr zu retten, da der Schaden erst erkannt wird, wenn es eigentlich zu spät ist.

Unverkennbar, ärgerlich und absolut endgültig: der Wühlmausschaden.

Alle Bewohner kennenlernen

Aber nicht jeder sichtbare „Fraßschaden“ muss auch ein solcher sein. Die Blattschneiderbiene, eine unserer etwa 550 verschiedenen Wildbienenarten Deutschlands, schneidet rundliche und längliche Blattstücke aus Rosenblättern oder anderen Sträuchern. Sie will diese nicht fressen, sondern damit in ihrem Bau die Brutzellen formen, in die dann Pollen als Futter für ihre Larven eingetragen wird. Das längliche Blattstück bildet eine Tüte, mit dem rundlichen Blattstück wird die Tüte, nachdem sie mit Pollen gefüllt und einem Ei versehen wurde, verschlossen. Ein Wunder der Natur, für das du sicher ausgeschnittene Blätter deiner Rosen gerne zur Verfügung stellst.

An Blättern der Weg- oder Moschusmalve sind gerade im Sommer umgeschlagene Blätter zu erkennen, die scheinbar welken. Nagt hier ein Tier? Bei genauerer Betrachtung erkennt man feine Spinnfäden, die das Blatt zusammenhalten. Darin ist eine grauschwarze Raupe mit einem gelben Kopfkragen zu finden. Sie nützt diese selbstgemachte Behausung als Unterschlupf und auch als Puppenstube. Im Frühjahr schlüpft dann aus dem vollkommen vertrockneten Blatt ein seltener Schmetterling, der Malvendickkopffalter. Auch hier kann niemand von einem Schaden sprechen, sondern eher ein Wunder der Natur wertschätzen.

Noch kunstvoller wickelt der Haselblattroller Blätter der Haselnuss zu zylinderförmigen Tüten. Der auffällige rote Käfer legt dort hinein ein Ei. Daraus schlüpft die kleine Larve, welche in diesem Wickel heranwächst und sich verpuppt. Die zweite Generation überwintert sogar in dieser gewickelten Behausung.

Die Blattschneiderbiene hat ihr Maul voll, wird aber nichts davon fressen, sondern für den Wohnungsbau nutzen.

Wer ist wer?

Raupen sind oft nur schwer zu entdecken, da sie durch Form und Färbung getarnt sind oder sich vor allem tagsüber gut versteckt halten. Experten achten bei der Suche auch auf die trockenen und kugeligen Exkremente, die während des Fraßes nach unten auf den Boden fallen und dort gut sichtbar liegen bleiben. Manchmal sitzen aber Raupen in großer Zahl zusammen auf der Pflanze, wirken gemeinsam bedrohlicher und vertrauen auf ihre Warnfärbung, die auf Ungenießbarkeit hinweist. All diese „Raupen" verpuppen sich und es schlüpfen Schmetterlinge. Doch es gibt auch zum Verwechseln ähnliche, sogenannte „Afterraupen", aus denen keine Falter, sondern Blattwespen schlüpfen.

Alle Larven lassen sich bei genauer Betrachtung in einen Kopf, eine Brust und einen Hinterleib unterteilen. Der Kopf mit den Mundwerkzeugen ist leicht zu erkennen, das Brustsegment auch, denn hier befinden sich hintereinander drei Beinpaare mit Gelenken, wie sie für alle geschlüpften Insekten typisch sind. Der Unterschied ist nur im Hinterleib zu erkennen. Sowohl bei Raupen als auch Afterraupen sind paarweise weitere „falsche" Bauchfüße oder Bauchbeine zu sehen, die saugnapfartig verbreitert sind, keine Gelenke besitzen und trotzdem für die Fortbewegung benutzt werden. Der einzige Unterschied: Raupen haben nach den drei ersten Beinpaaren an mindestens zwei, oft sogar mehr Körpersegmenten keine „Füße", also eine deutlich sichtbare Lücke. Die „Afterraupen" hingegen haben nur ein beinloses Segment hinter der Brust und die restlichen Segmente sind immer mit „Füßen" ausgestattet.

Alle Lebewesen möchten nur eines: weiterbestehen und sich vermehren. Das gilt für die Schädlinge und Nützlinge gleichermaßen und ermöglicht letztendlich ein Gleichgewicht aller Beteiligten.

Um richtige Entscheidungen zu treffen und Verwechslungen auszuschließen, ist es sinnvoll, sich mit vollem Interesse auch den Schädlingen zuzuwenden und sie kennenzulernen. Schau dir die Schäden oder Lebewesen gerne auch mit einer Lupe an. Nur so kannst du entdecken und beobachten, dass Blattläuse etwa lebendgebärend und die Muttertiere in der Kolonie umgeben von einer Vielzahl kleinerer Läuse sind. Aus den hunderten Porträts möglicher Schädlinge sind auf den folgenden Seiten beispielhaft acht interessante Bewohner eines Gartens herausgegriffen.

Deutlich sieht man bei der Raupe des Aurorafalters mehrere Segmente ohne Beinpaare.

TIERISCHE SCHÄDLINGE

Apfelwickler (*Cydia pomonella*)

Der Wurm im Apfel ist die Larve eines kleinen Nachtfalters. Er legt seine Eier an noch grüne Äpfel und Birnen ab. Die Larven bohren sich in die Früchte. Erkennbar sind die mit Kotkrümeln verstopften Bohrlöcher, die bis zum Kerngehäuse führen. Nachdem sie sich in der Frucht satt gefressen haben, verlassen sie diese nach ca. 4 Wochen. In Ritzen der Rinde spinnen sie sich in einen Kokon ein.

Vorbeugender Schutz: Fallobst aufsammeln, Spritzungen mit Rainfarn- oder Wermut-Tee sollen den anlockenden Apfelgeruch überdecken. Rindenpflege durch Stammanstrich mit Kalkbrühe.

Drahtwürmer

Diese glänzenden, langgestreckten und harten Larven der Schnellkäfer lassen sich von Tausendfüßern gut durch die nur drei Beinpaare unterscheiden. Vor der Verpuppung leben sie mehrere Jahre im Boden und fressen an Wurzeln verschiedener Gewächse sowie Löcher in Kartoffeln, Möhren und Zwiebeln.

Vorbeugender Schutz: Auf frisch angelegte Beete, die vorher noch Wiese waren, keine besonders gefährdeten Pflanzen, wie Kartoffeln, Salat oder Möhren anbauen und vorerst auf Mulch verzichten. Eine halbierte Kartoffel tief in den Boden gedrückt dient als Drahtwurmfalle.

Erdflöhe (Psylliodes)

Die nur wenige Millimeter kleinen schwarzen Käferchen, die mit ihren verdickten Hinterschenkeln flohartige Sprünge machen können, überwintern unter trockenem Laub oder in kleinen Spalten am Boden. Im Frühjahr sind sie sehr hungrig und durchlöchern siebartig die jungen Aussaaten von Kreuzblütlern, wie etwa Radieschen oder Rettich. Ihre Larven bohren sich in Wurzeln der Pflanzen, richten dabei aber keinen großen Schaden an.

Vorbeugender Schutz: Sie lieben trockene, warme Erde, darum gießen, ein wenig harken und mulchen. Mischkultur mit Salat und Spinat kann ebenfalls schützen.

Eulenfalterraupen

Die trägen, dicklichen Raupen einiger Eulenfalter kommen erst in der Dunkelheit aus ihren Erdlöchern und fressen Blätter, Triebe, Pflanzenstängel, aber auch Wurzeln ab. Bei Berührung rollen sie sich sofort zusammen. Bei der Bodenbearbeitung werden immer wieder ihre glänzend rotbraunen Puppen in der Erde freigelegt.

Vorbeugender Schutz: Mit der Taschenlampe abends die Pflanzen absuchen, den Boden um absterbende Pflanzen herum aufgraben, um versteckte Raupen aufzustöbern. Starkriechende Pflanzen wie Sellerie oder Tomaten als Mischkultur einsetzen, Farnkraut zum Mulchen verwenden.

Gespinstmotten (Yponomeutidae)

Zwar sieht es gespenstisch aus, wenn die Blätter völlig abgefressen und ganze Sträucher in silbrigen Gespinsten komplett eingewoben sind und es darunter auch noch von zig Räupchen wimmelt und wuselt. Doch wenn der Spuk nach einigen Wochen vorbei ist, treiben die Pflanzen in der Regel rasch und zuverlässig wieder aus. Nur wenige Arten verursachen Schäden im Obstanbau und werden dann bekämpft.

Vorbeugender Schutz: Rindenpflege durch Baumanstrich mit Kalkbrühe, bei ersten Anzeichen die Gespinste mit den Raupen herausschneiden oder mit festem Wasserstrahl herunterspritzen.

Kleine Kohlfliege (*Delia radicum*)

Stimmt die Witterung, können sich bis vier Generationen dieser Fliegen während eines Sommers entwickeln. Die gelblichen Maden fressen erst die äußeren Faserwurzeln von jungen Kohlpflanzen, Rettich und Radieschen, dringen später in die Hauptwurzel ein. Es zeigen sich braun verfärbte Miniergänge und die angefressenen Wurzeln faulen.

Vorbeugender Schutz: Die Eier werden an den Wurzelhals der Pflanzen gelegt. Deswegen werden junge Pflanzen angehäufelt, damit der Hals nicht so frei liegt. Gemüsenetze können schützen und stark duftende Kräuter beim Mulchen wirken abwehrend.

Möhrenfliege (*Psila rosae*)

Direkt am Wurzelhals oder in der Nähe der Möhre legt auch diese Fliege die Eier ab. Die Maden fressen sich in zwei Generationen über die Faserwurzeln bis an die Spitze der Möhre und hinterlassen dabei zahlreiche Fraßgänge. Diese befinden sich an der Außenseite und sind meist offen sowie von Kot verschmutzt. Die Möhren faulen und riechen unangenehm.

Vorbeugender Schutz: Keinen frischen Mist verwenden. Gemüsenetze sowie Mischkultur mit Zwiebeln, Knoblauch, Lauch und Mulchen mit starkriechenden Kräutern wie Rainfarn verhindern den Anflug legebereiter Fliegen.

Himbeerkäfer (*Byturus tomentosus*)

Der kleine Käfer kommt ab Mai aus seinem Versteck und hält sich zunächst an Blüten von Apfel, Weißdorn oder Birne auf. Ab Juni werden dann die Him- und Brombeeren angeflogen, um dort auch Eier abzulegen. Die Larven fressen an den Teilfrüchten und bohren sich später in das Innere der Beeren. Nach rund 6 Wochen lassen sie sich zur Erde fallen, um sich zu verpuppen.

Vorbeugender Schutz: Im Frühjahr und im Herbst den Boden unter den Beeren mit Rainfarn-Tee gießen und die blühenden Zweige über einem Gefäß abklopfen, sobald die ersten Käfer auftauchen.

GIFT UND SEINE FOLGEN!

Es gibt genug giftfreie Strategien, den „problematischen" Mitbewohnern Herr zu werden. Diese Maßnahmen müssen aber immer auf den betreffenden Schädling angepasst sein, frühzeitig und dann eventuell regelmäßig angewandt werden. Der Einsatz von Chemie ist verlockend, verspricht er doch die schnelle Lösung des Problems. Zwei wesentliche Nachteile treten dabei immer auf, von der Giftigkeit für das gesamte System der Stoffe einmal abgesehen: Auf der einen Seite wirken die Stoffe nie selektiv nur auf ein bestimmtes Tier, sondern treffen ebenso andere Tiere, die durchaus zu den Nützlingen gezählt werden können. So tötet Schneckenkorn etwa neben der Zielgruppe „Nacktschnecke" auch alle vorhandenen Gehäuseschnecken als Stabilisatoren des Systems. Auf der anderen Seite werden nie alle Schädlinge getötet, es überleben immer ein paar Individuen, die lernen, mit den eingesetzten Giften umzugehen und diese auszuhalten. Sie werden resistent und sind die Eltern der nächsten Schädlingspopulation. Folge davon ist, dass die eingesetzten Gifte mit der Zeit wirkungsloser werden und konzentrierter oder in verschärfter Form auf den Markt kommen müssen.

Grundsätzliche alternative Ansätze werden hier im Überblick vorgestellt:

Nützlinge fördern

Das einfachste und effektivste Mittel ist, voll auf die natürlichen Helfer zu setzen, die Schädlinge fressen oder dezimieren. Das Vorhandensein der Nahrung reicht aber für das Überleben dieser Helfer nicht aus, auch die Nützlinge brauchen eine bestimmte Ausstattung des Lebensumfeldes. Unterkunft, Überwinterung, Schutz vor Wetter oder anderen Räubern, ein breit gefächertes Nahrungsangebot sowie sichere Nistmöglichkeiten sind zentrale Anforderungen eines gut strukturierten Lebensraumes und können durch die Kreativität und das Handeln des Gärtners selbst gestaltet werden. Geduldig sein, weniger penibel arbeiten, gezieltes Gestalten, Natur zulassen – das sind alles wesentliche Aspekte einer erfolgreichen Einstellung zugunsten der Nützlinge im Garten. Hier gibt es viele Möglichkeiten, aktiv zu werden: von kleinen Basteleien, wie etwa ein aufgehängter mit Stroh gefüllter Blumentopf für Ohrenkneifer, über eine Ansitzstange für Greifvögel bis hin zu einem kompletten Naturmodul (siehe auch Seite 111 ff.).

Auswahl der Pflanzen

Ein natürliches Gleichgewicht kann sich nicht einstellen, wenn vorwiegend fremdländische Pflanzen verwendet werden. Denn sie sind an unser Klima nicht optimal angepasst und schon deshalb anfälliger für Erkrankungen. Zudem gibt es immer Mitreisende. So wurde etwa mit dem Rhododendron auch der zugehörige Schädling, die Rhododendron-Zikade, ein hübsch gefärbtes Insekt eingeschleppt. Die Räuber dazu aber fehlen und so vermehren sich die Zikaden munter weiter. Die Bergenie, eine beliebte Gartenzierpflanze, wurde seit ihrer Einführung aus dem Himalaya in Deutschland zur Leibspeise des einheimischen Dickmaulrüsslers. Es gibt wohl kein Blatt einer Bergenie, das nicht die typischen Fraßschäden dieser Käfer aufweist, die auch die Wurzeln vieler anderer Pflanzen schädigen. Und es gibt viele weitere Beispiele für diese Zusammenhänge. Deswegen muss immer wieder betont werden:

Heimische Vegetation ist die Grundlage eines funktionierenden Systems

Tatsächlich gibt es besonders anfällige Pflanzen und andere, die kaum von Schädlingen oder Krankheiten befallen werden. Kohl etwa ist bei Schädlingen sehr beliebt, die hier nagend und saugend angreifen. Die Krankheiten Kohlhernie, Kohlschwärze, Falscher Mehltau und die Ringfleckenkrankheit setzen dem Kohl in seiner langen Entwicklungszeit zusätzlich zu. Wenn du also als Anfänger keinen grünen Daumen besitzt, dann streiche Kohl einfach von der Wunschliste und ersetze ihn durch weniger anfällige Pflanzen, die eine kürzere Zeit zur Reife benötigen, wie etwa Kohlrabi. Bei Nutzpflanzen werden zudem viele Sorten gezüchtet, die resistent gegen bestimmte Krankheiten sind. Hab auch den Mut, dich von kränkelnden Pflanzen endgültig zu trennen, anstatt ständig an ihnen herumzudoktern.

Die ersten Stadien

Eine sehr erfolgreiche Bekämpfungsmaßnahme ist es, die Schädlinge schon im Zustand der Eier zu erkennen und zu bekämpfen. Wenn etwa Kartoffelkäfer sichtbar sind, sind auf den Unterseiten der Blätter der Kartoffeln schon die ersten Eier abgelegt. Mit der einen Hand wird das Laub vorsichtig auf die Seite gelegt und mit der anderen Hand können die orangen Eier, die dicht an dicht stehen, leicht zerdrückt werden. So erwischt man mit einem Schlag 20 bis 80 zukünftige gefräßige Larven des Käfers mit geringem Einsatz. Ebenso erfolgreich ist die Kontrolle von Kohlpflanzenblättern. Die gelben Gelege der Kohlweißlinge sind einfach zu erkennen.

Unter Brettern oder Mulchwürsten finden sich im Herbst die weißen Gelege der Nacktschnecken. Auch hier gilt: Leichter sind bis zu 200 Eier zerdrückt als im Folgejahr bis zu 200 neue Schnecken aufgesammelt.

JUNGE KOHLPFLÄNZCHEN MIT FLEECE-KRAGEN UND DER HALS IST GESCHÜTZT.

Physische Barrieren

Hier erweisen sich ganz klassisch der Zaun, die Benjeshecke oder das Dornengestrüpp als Hindernis gegen größere Tiere. Die Wurzeln oder Blumenzwiebeln im Boden können mit Drahtgittern oder Pflanzkörben gesichert werden.

Werden Kulturen im Gemüsebereich mit feinmaschigen Vliesnetzen und Kulturschutznetzen abgedeckt, können die kleinen Schädlingen gar nicht erst zu den Pflanzen gelangen, um ihre Eier an ihnen abzulegen. Diese Taktik bewährt sich etwa bei Möhren-, Zwiebel-, Porree- und Spargelfliegen, Lauchmotten und anderen Insekten. Zusätzliche Vorteile der Netze ergeben sich durch einen Wind-, Verdunstungs-, Sonnen- und Frostschutz der Pflanzung. Wird es aber zu warm, müssen die Netze auch wieder entfernt werden, damit die Kulturen nicht überhitzen oder schwitzen. Weitere Nachteile sind das eingesetzte Material aus Plastik, die hohen Anschaffungskosten und die geforderte lockere und lückenlose Auflage der Netze, ohne dabei die Pflanzen selbst zu erdrücken.

Obstbäume können mit im Herbst angebrachten grünen Leimringen vor den flügellosen Weibchen des Frostspanners und anderen Schädlingen geschützt werden. Diese klettern den Stamm in die Höhe, um in der Krone die Eier abzulegen und bleiben am Ring kleben. Nachteilig ist, dass auch hier keine selektive Wirkung zu erwarten ist und eben auch Nützlinge verenden können, sogar Fledermäuse und Vögel kann es treffen. Das gilt auch für die klebenden Gelbtafeln, die gerade im Gemüsebereich Insekten anlocken und zumindest helfen festzustellen, welche Schädlinge tatsächlich und in welcher Zahl vorkommen, um dann gezieltere Maßnahmen einzusetzen.

KOHLKRAGEN

Bei sehr spezialisierten Insekten wie etwa der Kohlfliege ist der Kohlkragen eine einfache Lösung. Denn die Fliege legt ihre Eier genau und nur am Wurzelhals ab. Diese Stelle kann mit einer 15–20 cm großen Scheibe aus dickem Filz, mit eingeschnittenem Schlitz um die Jungpflanze gelegt, verdeckt werden. So wird der Fliege zuverlässig der Zugang zum Eiablageort versperrt und ein Netz nicht benötigt.

Mechanische Maßnahmen

Effektiv ist das Absammeln oder Fangen der Schädlinge. Kartoffelkäfer, deren Larven und Lilienhähnchen (ein Käfer) etwa lassen sich aufgrund ihrer Größe gut erkennen und einsammeln. Bei geringster Störung lassen sich die Tiere jedoch zu Boden fallen, sind aber dann mit einem Sieb oder einer Kehrschaufel noch aufzufangen. Mäuse und Ratten werden mit Fallen erwischt. Oft stellt sich die Frage, was tun mit den aufgesammelten Tieren? Töten? Leider bleibt manchmal keine andere Wahl. Woanders aussetzen ist auch keine Lösung, da dann dort die Verhältnisse durch zusätzliche Tiere belastet werden. Am besten wären andere Tiere, die man damit füttern könnte. Doch sollte man keinesfalls Federvieh frei im Garten laufen lassen, denn sie vertilgen nicht nur die Schädlinge, sondern dezimieren ebenso erfolgreich die Nützlinge. Beim Picken oder Schnäbeln werden keine Unterschiede zwischen kleinem Frosch, Nacktschnecke oder Regenwurm gemacht.

Hühner picken und scharren fleißig und entdecken mit der Zeit jedes Ungeziefer.

Ein weiterer mechanischer Ansatz ist das Abspritzen von Blattlauskolonien oder Weißen Fliegen. Durch den harten Wasserstrahl werden die Tiere entweder so beschädigt oder zumindest so weit von ihrem Saugplatz verfrachtet, dass die Kolonie stark reduziert ist. Erdflöhe, kleine schwarze Käfer, die Löcher in die Blätter von Radies, Brokkoli oder Kohlrabi fressen, fühlen sich durch regelmäßiges Hacken oder Unkrautjäten gestört und verschwinden wieder. Regelmäßiges Gießen ist ebenso ein gutes und einfaches Mittel gegen Erdflöhe.

Auch künstliche Kälte und Hitze setzen Schädlingen eventuell zu. Eine befallene Zimmerpflanze kann im Frühjahr gut und gerne einmal eine Nacht auf dem kalten Balkon oder im Kühlschrank verbringen, solange sie als Pflanze selbst die tiefen Temperaturen tolerieren kann.

Die Sinne verwirren

Die meisten Schädlinge finden ihre Pflanzen anhand von Duftstoffen, die von den Pflanzen selbst abgegeben werden. Eine Monokultur riecht intensiver als eine Einzelpflanze und wird deswegen eher angesteuert. Durch den Zwischenbau verschiedener Gemüsearten untereinander, kombiniert mit blühenden Kräutern und Einjährigen, flankiert mit kleinen Blumenwiesen, haben Schädlinge Schwierigkeiten, ihre Wirtspflanzen über den Geruch zu finden. Anstatt eine einzelne Kultur hintereinander oder im Block zu pflanzen, pflanze alles kunterbunt zusammen. Mulchdecken oder Flächenkompostierung verdünnen die Düfte noch weiter. Gezielt lassen sich auch stark riechende Pflanzen wie Rainfarn oder Tagetes als Zwischenpflanzen oder als Brühen einsetzen.

Nützlinge kaufen?

Mittlerweile können immer mehr Nützlinge als Eier oder Larven gekauft werden. Es stehen neben Marienkäfern auch Florfliegen, Gallmücken, Raubmilben, Schlupfwespen und Nematoden zur Verfügung. Die unterschiedlichen Arten können dann gezielt gegen ein Vielzahl von Schädlingen wie etwa Ameisen, Apfelwickler, Bodenschädlinge, Blattläuse, Dickmaulrüssler, Gartenlaubkäfer, Kleidermotten, Engerlinge, Lebensmittelmotten, Maulwurfsgrillen, Schmierläuse, Schnecken, Spinnmilben, Thripse, Trauermücken, Weiße Fliegen und Wollläuse eingesetzt werden. Der Erfolg hängt neben den Witterungsbedingungen auch stark von der genauen Beachtung der Anleitungen ab, da es sich ja um lebendes Material handelt. Die Zeitfenster des möglichen Einsatzes sind kurz. Wenn die Schädlingspopulation zusammengebrochen ist, werden entweder auch die Nützlinge sterben oder weiter ziehen. Die Behandlungen müssen deswegen eventuell wiederholt werden. Die entstehenden Kosten sind nicht unerheblich, aber einem interessierten Gärtner wird der Einsatz dieser Maßnahmen viel Erkenntnisgewinn bringen, um mehr über Nützlinge zu lernen.

OHRENKNEIFER GIBT ES NOCH NICHT ZU KAUFEN. SIE KÖNNEN IM GARTEN ABER LEICHT UNTERSTÜTZT UND SO ZUR NÜTZLICHEN MITARBEIT MOTIVIERT WERDEN.

DIE WAHREN PLAGEN

Wenn ein Gärtner sich entspannt mit dem Thema Schädlinge auseinandersetzt und hochspezialisierte Sonderfälle mit hoher Populationsdynamik wie etwa den Kartoffelkäfer oder die Reblaus im Weinbau ausklammert, bleiben eigentlich nur Spanische Wegschnecken, Wühlmäuse und Blattläuse übrig, mit denen man sich im eigenen Garten intensiver beschäftigen muss. Informationen zu deren Bekämpfung sind breit aufgestellt, überall als Videoclips oder Texte abrufbar und werden in den sozialen Medien rege diskutiert. Zum Teil finden sich widersprüchliche Angaben, je nach Quelle ist der „Geheimtipp" hier die einzig wahre Lösung und dort als vollkommen wirkungslos enttarnt. Da die Diskussionen über diese drei Tiere nicht abflauen, scheint es „die" Lösung noch immer nicht zu geben, um das Problem in den Griff zu bekommen.

Zur Plage werden die Tiere dann, wenn sie zu zahlreich vorkommen und die Feinde nicht ausreichend vorhanden sind. Deswegen sind zwei Strategien, parallel eingesetzt, am erfolgreichsten. Die pure Überzahl muss vom Gärtner selbst reduziert werden, nicht aus Freude oder Lust am Töten, sondern um überhaupt erst einmal ein vom System selbst bewältigbares Niveau zu erreichen. Erst dann können Maßnahmen, die auf die Unterstützung der natürlichen Fressfeinde durch Schaffung von Lebensraum abzielen, im „Selbstwirkmodus" spürbaren Erfolg bringen.

Laus und Maus

Bei Läusen ist das mechanische Zerdrücken oder Abspritzen mit einem Wasserstrahl die beste Möglichkeit. Etliche Hausmittel können mittels eines Verstäubers, verdünnt mit Wasser, auf die befallenen Stellen aufgesprüht werden. Ob sie letztendlich helfen oder eventuell der Pflanze selbst schaden oder auch die stabileren Nützlinge töten, ist eine immer eine Frage der Konzentration und der Häufigkeit des Einsatzes des eingesetzten Mittels. Milch, Essig, Seifenlauge, Kartoffelwasser oder Sud aus Knoblauch, Zwiebel, Rhabarber sind beliebt.

Die gefürchtete Wühlmaus etwa kann nur im Boden gefangen oder getötet werden. Der Maulwurf, ebenso im Boden lebend, darf nicht gefangen oder getötet werden, da er als Nützling unter Naturschutz steht. Dieser Unterschied sollte deswegen bei einem verantwortungsvollen Gärtner diejenigen Fallensysteme ausschließen, bei denen die Falle auslöst, wenn ein Tier durch die Falle läuft. Besser ist eine Falle, die mit einem Stück Karotte bestückt wird und nur auslöst, wenn ein Tier an dem Gemüse zieht. So ist der Tod eines Maulwurfes von vornherein ausgeschlossen, da er als Fleischfresser kein Interesse an Gemüse hat.

Tigerschnegel – hier ist das System intakt.

Schnecken

Nacktschnecken konkurrieren mit Gehäuseschnecken um die gleichen Ressourcen und erfüllen wichtige Abbauarbeit, gehen aber in ihrem Zerstörungswerk viel rabiater vor. Deswegen werden erstere gesammelt oder getötet, letztere aber geschützt und gefördert. Besonderes Augenmerk sollte vor allem den Eigelegen der „Spanier" gelten. Im Herbst lohnt es sich, danach unter Brettern und Mulchwürsten zu suchen und auf einmal bis zu 400 Eier zu vernichten.

Mythos Tigerschnegel? Dieses Tier wird als Gegenspieler extrem gelobt. Tatsächlich sind die Gerüchte, dass er die Gelege und sogar erwachsene Spanier fressen kann, weit verbreitet. Der kannibalische Fraß an anderen schon toten Schnecken ist von allen Schnecken bekannt. Aktiver Überfall und Mord an einer anderen lebenden Schnecke konnte bislang noch nicht nachgewiesen werden. Die Wahrheit ist vielmehr, dass der anspruchsvolle Tigerschnegel nur dort leben kann, wo die Strukturen vielfältig sind. Dies deutet schon auf die enorme Wichtigkeit des biologischen Gleichgewichtes hin, welches jeder Gärtner anstreben sollte und nur durch die Schaffung von Lebensraum für alle anderen Nützlinge zu erreichen ist.

NÜTZLINGE FÖRDERN

Die Zeit, die andere Gärtner mit der Bekämpfung von Schädlingen verbrauchen, nutzt du zur Schaffung neuen Lebensraumes für deine Nützlinge, um das Ökosystem in deinem Garten noch stabiler zu machen. Hilfst du einer Erdkröte, hilfst du auch deinen jungen Salatpflanzen. Warum? Weil Erdkröten junge Nacktschnecken fressen. Die Erdkröte wächst dabei und ihr Hunger wird beständig größer. Jede gefressene Nacktschnecke kann deinen Salat nicht mehr fressen.

DER FRÜHE VOGEL

... fängt nichts mehr.

Endlich Frühling! Die Sonne kitzelt die kleine Blaumeise am Schnabel und sie weiß: Jetzt ist es Zeit! Es wird gebalzt, Revierkämpfe werden ausgetragen und dann kann für Nachwuchs gesorgt werden. Im Winter gab es in diesem Garten reichlich fettes Futter und ließ keine Sorge aufkommen, dass sich hier ein Mangel an Nahrung einstellen könnte.

Langsam aber leeren sich die Futterstellen. Wenn der Schnee geschmolzen ist, sollte ja wieder genug zu finden sein. Der Gärtner hat ganz andere Sorgen. Letztes Jahr hat er sich mit einem Massenbefall der schwarzen Bohnenlaus an seinen Puffbohnen rumschlagen müssen. Diesmal ist unser Gärtner schlauer. Großzügig werden die jungen Pflanzen mit einem Insektizid behandelt, das die saugenden Schadinsekten zuverlässig tötet. Und wenn er schon mal dabei ist, behandelt er auch gleich noch seine Edelrosen, die Johannisbeeren und den kleinen Spalierapfel, um auch sie zu schützen.

Der Flugverkehr am Brutkasten freut den Gärtner. Stolz ist er auf so viel Leben in seinem Garten. Etwa 14 Tage lang hat das Meisenpaar nun mit dem Ausbrüten der acht Eier verbracht und nun müssen acht hungrige Schnäbel gefüttert werden. Alle betteln und wollen nur eines: Futter! Insekten, Würmer, Larven, Raupen.

Unser Gärtner freut sich. Seine Pflanzen wachsen und bisher blieb er verschont von diesen grässlichen Läusen. Er schaut dem geschäftigen Hin und Her der Meisen zu und weiß, dass es nicht lange dauern kann, bis die kleinen Federkugeln aus dem Kasten lugen und erste Flugversuche unternehmen. Die Meisen jedoch müssen immer weitere Strecken zurücklegen, um genug Nahrung zu finden. Sie inspizieren alle Sträucher und Pflanzen im Garten und hüpfen zwischen den Puffbohnen umher.

Nach fast drei Wochen entdeckt der Gärtner den ersten Ästling! Welch eine Freude! Ein weiteres Meisenkind piepst zwei Tage später und zeigt deutlich, was es erwartet: Futter!

Weitere Tage vergehen, aber kein weiterer Ästling ist zu entdecken. Der Gärtner wundert sich schon. Zwei Wochen später reinigt er den Kasten. Vielleicht gibt's ja noch ein paar schöne Eierschalen, die er dem Enkel zeigen möchte. Die sechs toten Küken im Kasten machen den Gärtner nachdenklich.

Eine traurige Geschichte, die sich leider in vielen Gärten jedes Jahr so oder ähnlich ereignet. Die Küken sind verhungert oder an vergifteten Insekten gestorben, bevor sie die Chance hatten, die Lüfte zu erobern.

Mit Insektiziden vernichten wir die Nahrungsgrundlage für eine unglaublich große Zahl an anderen Tieren. Angefangen von den kleinen, wie den Blattläusen, wirkt sich das auch auf die größeren, wie zum Beispiel die Vögel, aus, die sich von Insekten ernähren. Wir dürfen uns nicht wundern über

Viel Arbeit mit dem Nachwuchs.

Bald schlüpfen acht hungrige Schnäbel.

stille Gärten, wenn wir so leichtsinnig und sinnlos mit Giften hantieren. Punktuell hat sich zwar ein zweifelhafter Erfolg gezeigt, aber systemisch fand unbemerkt ein Super-GAU statt. Die Blaumeisen hätten es geschafft, mit allen Läusen und Raupen fertig zu werden, aber dazu hätten sie ein wenig mehr Zeit gebraucht. Zeit, die der Gärtner mit dem Bau von Naturmodulen besser hätte nutzen können. Zugunsten der Nützlinge. Zugunsten seiner Pflanzen.

DREI-ZONEN-GARTEN

Wenn du deine Nützlinge schützen willst, brauchst du ein perfektes System, dessen einzelne Bereiche miteinander vernetzt sind. Nur eine Pflanze zu setzen oder einen Nistkasten aufzuhängen, führt nicht zu dem endgültigen Erfolg. Die Natur agiert vernetzt und braucht Strukturen in Raum und Zeit. Ein „Drei-Zonen-Garten" ist mit seiner Puffer-, Hotspot- und Ertragszone optimal darauf ausgerichtet, dir Schönheit, Vielfalt, Nutzen, Kreislauf, Nachhaltigkeit und Kreativität zu ermöglichen und dabei komplette Lösungen für deine Helfer aufzubauen.

#machsnachhaltig

RÄUBERHÖHLE

Für wen? Das Mauswiesel, das kleinste Raubtier Europas, wiegt nur so viel wie eine Tafel Schokolade. Sie bewegen sich sehr schnell und flach springend mit spielerisch anmutender Eleganz, am ehesten auffallend, wenn sie in ihrem weiß-braun gefleckten Winterfell durch eine schneefreie Landschaft, von Deckung zu Deckung huschen. Im Sommer durch ihr braunes Fell gut getarnt, durchstöbern sie mit ihrem sehr guten Geruchssinn Schlupfwinkel und Verstecke auf der Suche nach Beute. Ihr Sehvermögen ist hervorragend. Sie können gut klettern, ausgezeichnet schwimmen und passen mit ihrer langen Körperform auch durch schmale Ritzen, Spalten und Löcher. Immer wendig, wild und fast draufgängerisch, gehen Mauswiesel sogar in den Bodengängen von Mäusen auf die Jagd.

Durch die Monotonisierung und Ausräumung wertvoller Landschaftselemente und Naturmodule geht der Lebensraum beständig zurück. Der Autoverkehr fordert viele Opfer. Auch Katzen erbeuten immer wieder die sehr zierlichen Mauswiesel.

Was soll erreicht werden? Jede künstlich geschaffene Versteckmöglichkeit und Deckung ist ein Zugewinn für das Wiesel. Je länger solche Strukturen bestehen und unverändert bleiben, desto eher werden sie von Wieseln auch bezogen.

Material Steine, Dachziegel, Mauern, Reisig, Rohre, Betonschalen, Terrassenplatten, Totholz, Bretter und Nägel oder fertige Kiste, Ast mit 3 cm Durchmesser zur Kontrolle.

Zeit Rechne für jedes einzelne Element, wie etwa eine Pyramide aus Stein, einer Steinmauer, Totholz oder einem Reisigwall, mit ein bis zwei Tagen Arbeitsaufwand. Dem möglichen Nestbereich schenkst du besondere Aufmerksamkeit. In der Nähe sollten sich Sträucher oder eine Hecke befinden, denn für den Nestbau wird vom trächtigen Weibchen selbstständig trockenes Laub benötigt und eingetragen.

Das Mauswiesel hat ständig alle Sinne auf Empfang.

So geht's:

- Suche einen ruhigen und nicht zu schattigen Platz in deinem Garten, du kannst bestehende Strukturen wie Mauern, verwilderte Ecken oder ein Gartenhaus mit einbeziehen.
- Das Zentrum des Nistbereiches kann ein Kasten sein aus Holz, den du dir leicht selbst zusammennageln kannst. Ein Raumvolumen von 20-mal 20 cm ist ausreichend, eine gute Abdichtung gegen Regen von oben oder Feuchtigkeit von unten wichtig.
- Die fertige Kiste hat einen engen Zugang durch ein Loch von 3-mal 3 cm.
- Die Kiste wird nun mit unterschiedlichsten Materialien zugebaut, bevorzugt mit Steinen oder Holz und dicken Ästen.
- Deiner Kreativität sind keine Grenzen gesetzt, mit Ziegeln, Rohren etc. kannst du richtige Labyrinthe auch mit Sackgassen anlegen.
- Wichtig ist nur, dass immer ein Zugang im Mindestdurchmesser von 3 cm zu der im Zentrum liegenden Kiste offen bleibt.
- Mit einem Ast dieser Größe kannst du immer gut nachmessen, ob ein Wiesel auch passieren könnte und dennoch der Weg für größere Tiere versperrt bleibt.
- Vom Rand deiner Räuberhöhle bis zum Eingang der Kiste sollten mindestens 1 m liegen.
- Je mehr gute Plätze du mit Nestbereich gestaltest, desto eher kannst du das Wiesel überzeugen zu bleiben.

#machsnachhaltig

LICHTFABRIK GLIMMERZONE

Nachts huschen hier die Lichter.

Für wen? An lauen romantischen Sommerabenden um den Johannistag (24. Juni) sind die Glühwürmchen, auch Johanniskäfer genannt, am häufigsten zu beobachten. Zur Paarungszeit schwirren sie leuchtend in der Dämmerung bodennah in heimischen Hecken umher, um die am Boden sitzenden sporadisch blinkenden Weibchen zu finden. Die Käfer nehmen keine Nahrung zu sich, dafür sind die unscheinbaren Larven umso gefräßiger. Bis zu drei Jahre leben diese räuberisch in der Bodenstreu und sind dabei echte Nackt- und Gehäuseschnecken-Killer. Nachdem die Opfer nach mehreren Giftbissen sterben und dabei ihr klebriger Schleim als sonst so erfolgreiche Abwehrwaffe wirkungslos bleibt, werden sie zu einem geschützten Fressplatz gezerrt und dort verspeist. Ordnungswahn, Gifteinsatz und die vorwiegende Verwendung von fremdländischen Sträuchern machen den herzigen „Taschenlampen" das Leben schwer. Die nächtliche „Lichtverschmutzung" im Sommer, ob es sich nun um das abstrahlende Licht der Häuser, Straßenla-

Es wirkt wie David gegen Goliath, aber der Nackenbiss ist tödlich.

ternen, Garagenbeleuchtungen, Lichtkugeln oder Wegbegrenzungen handelt, macht ein „Sichfinden" der Käfer praktisch unmöglich.

Was soll erreicht werden? Die Schaffung von Versteckmöglichkeiten wie Totholz, Reisig und feuchteren Gartenstellen nützt den Larven. Die so wichtige obere Bodenschicht aus Laub und niederer Vegetation, überragt von einheimischen Sträuchern, soll nicht mit Rindenmulch abgedeckt und erstickt werden. Sämtliche künstliche Lichtquellen bleiben ausgeschaltet.

Material Einheimische Sträucher, Totholz, Äste, Reisig, Laub.

Zeit Strauch pflanzen ca. 30 min, je Versteckmöglichkeit 1–2 Tage.

So geht's:

- **Grabe spatentief Löcher mit einem Durchmesser von 30 cm am Rande deines Gartens, Pflanzabstände können von 1–2 m wechseln.**
- **Dazwischen werden Reisig- und Laubhaufen errichtet, Totholz in allen Größen darf abgelegt werden.**
- **Geeignete Sträucher werden in die Löcher mit der notwendigen Erde eingesetzt (siehe auch Seite 38 /39), falls möglich auch 2- bis 3-reihig.**

Geeignete Pflanzen	
Sal-Weide (*Salix caprea*)	schnellwüchsig, kann auf Stock gesetzt werden, die erste große Nektartankstelle für viele Insekten im Frühling
Haselnuss (*Corylus avellana*)	attraktiv hängende Kätzchen im Frühjahr, Nüsse für dich und andere Bewohner, die jungen Zweige können gut für Flechtarbeiten verwendet werden
Eingriffeliger Weißdorn (*Crataegus monogyna*)	attraktive Blütendolden, viele Beeren für die Vögel im Herbst, dichter Wuchs bietet sichere Nistmöglichkeiten
Schlehe (*Prunus spinosa*)	komplett im Frühjahr vor den Blättern mit weißen Blüten überzogen, gesunde und blaue, aber saure Früchte im Herbst
Faulbaum (*Frangula alnus*)	kleine weiße Blüten, die seltenen Wespen- und Bienenarten Nahrung geben, Raupenfutterpflanze des Zitronenfalters

#machsnachhaltig

LAUS-AUS-GESCHWADER

Marienkäferlarven fressen in den drei Wochen bis zu ihrer Verpuppung 400 bis 600 Blattläuse.

Für wen? Zoom dich gedanklich mal in eine Blattlauskolonie. Du bist inmitten friedlicher und träger Tiere, die sich ständig lebendgebärend weiter vermehren und große Herden bilden. Bei diesem Überangebot von fleischlicher Beute müssen nach den Gesetzen der Natur die Räuber nicht weit sein. Schau genau hin! Du wirst am Rand der Kolonie die Larven des Marienkäfers finden. Plumpe, mit Dornen und Borsten besetzte Fressmaschinen, flink auf sechs Beinen, dunkel gefärbt mit orangen Flecken. Da ist aber auch noch der „Blattlauslöwe", die Larve der Florfliege, braun und weiß gestreift, sechsbeinig, mit fürchterlichen Zangen, die eine Blattlaus sofort packen und nicht mehr loslassen. Am schwersten zu entdecken sind die Larven von Schwebfliegen. Grünlich oder bräunlich, oft glasig und durchscheinend, robben sie behände dahin, um die wehrlosen Opfer mit ihrer Mundöffnung anzustechen und auszusaugen. Zusammen vertilgen sie pro Tag Hunderte Blattläuse und können

Die Florfliege wird auch Goldauge genannt.

ganze Kolonien auslöschen. Du musst die Larven selbst schützen und dich um die später ausschlüpfenden Insekten, die Marienkäfer, Florfliegen und Schwebfliegen, kümmern.

Was soll erreicht werden? Hände weg von Chemie! Ein gewisses Vorkommen von Blattläusen im Garten muss von vornherein akzeptiert werden, um überhaupt in den Genuss der Fähigkeiten der Räuber zu kommen. Es braucht Mut und Gelassenheit zum „Einfach-sein-Lassen" und einer Vielzahl von bereitgestellter Naturmodule, um allen einen guten Start zu ermöglichen. Die Helfer brauchen ein wenig mehr Zeit, freuen sich über Nektar und Pollen von Blüten einer Wiese zur Kräftigung. Sie beginnen ihre Eier selbst erst zu legen, wenn die Kolonien der Beute herangewachsen sind und auch reiche Nahrung versprechen. Jetzt geht alles den geplanten Verlauf, die Feinde der Blattlaus gewinnen die Oberhand und fressen und fressen. Oft so radikal, dass von der Beute nichts mehr überbleibt. Kein Problem, denn alle drei Larven sind gut zu Fuß und pilgern zur nächsten Kolonie, um dort weiter zu fressen.

Material Naturmodule aus Ästen, Laub, Reisig, Totholz etc., Nisthilfen zur Überwinterung der Vollinsekten, Blumenwiese zur Stärkung der ausgewachsenen Vollinsekten.

Zeit Für einen Überwinterungskasten knapp 1,5 Stunden, Naturmodule (Reisighaufen, Totholz, Laubhaufen etc.) 1–2 Tage, Anlage Blumenwiese mehrere Tage.

So geht's:

- Baue Überwinterungskästen nach Belieben und platziere sie an geeigneten Stellen, ebenso können Schuppen oder Scheunen einbezogen werden (Spalten, Verstecke und Möglichkeiten erkennen und verbessern).
- Errichte Naturmodule in deinem Garten, du kannst eigentlich alles Material, das du normalerweise auf die Grüngut-Annahme abtransportierst, verwenden.
- Blumenwiese anlegen.
- Ziehe an geeigneter und sonniger Stelle mit dem Spaten Oberboden ab.
- Eventuell kann mit Sand zusätzlich abgemagert werden.
- Passende Aussaat einer geeigneten Blumenmischung im frühen Herbst oder Frühjahr.

#machsnachhaltig

KÖNIGS REICH

Für wen? Wie eine Maus schlüpft und fliegt der vorwitzige Zaunkönig, nach den Winter- und Sommergoldhähnchen unser kleinster einheimischer Vogel, behände mit schwirrenden Flügelschlägen niedrig von Deckung zu Deckung durch das Gebüsch, Reisig, Gestrüpp, Blattwerk und jegliches Dickicht. Dieser niedliche Vogel, der auch im Winter bei uns bleibt, findet auch gut versteckte Puppen, Larven und Eier in der dichten Vegetation, erreicht Stellen, die von anderen Vögeln nicht mehr erreicht werden können. Nur kurz ist er im Blickfeld, um unverhofft auf der anderen Seite der Benjeshecke wieder aufzutauchen. Am ehesten wird er gehört werden, denn trotz seiner Winzigkeit hat er eine laute Stimme. Der kurze Schwanz ist in den wenigen ruhigen Momenten fast immer senkrecht aufgerichtet.

Was soll erreicht werden? Gib ihm sein Reich zurück, das ihm eigentlich zusteht. Alle Strukturen, die ihm ermöglichen zu verschwinden, wie etwa Reisighaufen, Totholz, Wurzelstöcke, lose Steinmauern oder überbordender Pflanzenwuchs sind geeignet, das Lebensumfeld zu verbessern. Alle vertikalen Flächen, ob es nun Bäume oder Mauern sind, kannst du leicht mit Schlingpflanzen wie Wilden Wein (*Parthenocissus quinquefolia*), Strauch-Efeu (*Hedera helix* 'Arborescens') oder Garten-Geißblatt (*Lonicera caprifolium*) bewachsen lassen. Die Blüten von allen drei Pflanzen locken eine Vielzahl von Insekten an. Im Gewirr der Ästchen und Blätter entsteht ein Pflanzendickicht, das gerne auch als Platz für das Nest angenommen wird. Ein Nest? Das Zaunkönig-Männchen ist ein Kavalier und baut im Frühling etliche Nester für seine Auserwählte an überhängenden Stellen, die auch bei Niederschlag trocken bleiben, etwa in umgestürzten Baumwurzeln oder unter niedrigen Dachvorsprüngen.

Material Äste, Stämme, Wurzelstöcke, Bepflanzung mit den genannten Pflanzen, Schalen, kleine Kisten oder offene Gefäße für ein mögliches Nest.

Zeit Pflanzen einer Pflanze ca. 30 min, ein leeres Gefäß als Nestbauhilfe ist mit einem Handgriff in dichter Vegetation versteckt. Reisighaufen und Benjeshecken 1–2 Tage.

Sehr klein, dafür selbstbewusst und laut.

So geht's:

- Jede Stelle, wie etwa Holzstöße, Baumwurzeln, alte Mauern, Dachgebälk, Dachvorsprünge oder Verstecke in Hecken und im Unterholz, die nicht höher als 2 m über den Erdboden liegt, bei Regen trocken bleibt und von Räubern wie etwa Katzen nicht erreicht werden kann, ist ein potenzieller Nestbereich.
- Durch Platzierung eines geschlossenen Gefäßes mit einer Öffnung von 3 cm wird eine Höhle vorgeben, die dann mit einem weichen kugelförmigen Nest vom Zaunkönig-Männchen selbst ausgebaut wird.
- Lege Reisighaufen, Benjeshecken, Wurzelstöcke, Pyramiden aus Stein oder Totholzstücken im Garten als Begrenzungen oder als selbstständige Naturmodule an, versteckt in der Pufferzone oder sichtbar als Hingucker für menschliche Besucher.
- Tue einfach gar nichts und lass Bereiche des Gartens, die nicht benutzt werden oder nicht in einer Sichtachse liegen, einfach verwildern.

Selbst gebaut ist natürlich am schönsten, aber Bruthöhlen für den Zaunkönig kann man auch fertig kaufen.

#MACHSNACHHALTIG-INFOS

Um sich an „starken Pflanzen“ ohne Gift und mineralischen Dünger erfreuen zu können, braucht es Wissen, Handeln, zirkulierende Nährstoffkreisläufe und funktionierende Systeme. Mit der Grundlage „gesunder Boden“ ist die Basis geschaffen. Mit klugen Strategien und der Unterstützung durch Nützlinge gelingt es dir auf einfachem Wege, hier Erfolge zu verbuchen. Auf den folgenden Seiten erhältst du Tipps, Adressen und Literaturempfehlungen.

Das Hortus-Netzwerk

Das „Hortus-Netzwerk“ ist ein loser Zusammenschluss von interessierten Gärtnerinnen und Gärtnern, die ihren eigenen Garten mithilfe des „Drei-Zonen-Modells“ für die Natur verbessern wollen. Über die Internetseite www.hortus-netzwerk.de sind ein Forum und unterschiedliche Facebook-Gruppen zugänglich. Eine Vielzahl kostenloser Informationen stehen zum Abruf bereit. Niemand ist zu irgendetwas verpflichtet, viele engagieren sich freiwillig und sind begeistert. Auf einer Karte kann jeder seinen Garten als Hortus eintragen lassen und sehen, ob in seiner Umgebung andere Interessierte mit der gleichen Zielsetzung gärtnern.
Weit über 800 Gärtner in Deutschland, Österreich, Schweiz und Frankreich haben ihren eigenen Garten schon zu einem Hortus verändert. Mit Erfolg! In den vergangenen Jahre haben in der bundesweiten Initiative „Deutschland summt“ in der Kategorie „Privater Garten“ regelmäßig Hortus-Gärten die vorderen Plätze belegt.
Im Jahr 2019 wurde das „Hortus-Netzwerk“ im Rahmen der UN-Dekade von den Vereinten Nationen als herausragendes Projekt zum Erhalt der biologischen Vielfalt ausgezeichnet. Immer wieder berichten Mitglieder von der gelungenen Wiederansiedlung seltener Insekten wie etwa Schwalbenschwanz und Perlmuttfalter. Unser Motto „Machen ist wie wollen, nur krasser“ kann auch dich motivieren.
Herzlich willkommen!
www.hortus-netzwerk.de

Bezugsquellen

Lebensinseln
(Einheimisches Saatgut, Literatur, Pflanzen und mehr)
Langenbrucker Str. 4
85309 Pörnbach
www.lebensinseln-shop.de

Appels wilde Samen
(Wildpflanzensaatgut, Regiosaatgut)
www.appelswilde.de

Der Blumenzwiebelversand
(Blumenzwiebeln und Gartenorchideen)
www.der-blumenzwiebelversand.de

Dornenzauber
(Winterharte Kakteen und Sukkulenten)
www.dornenzauber.de

Hof Berg-Garten
(Wildpflanzen für Blumenwiesen und Naturgarten)
Lindenweg 17
79737 Herrischried
www.hof-berggarten.de

Zum Weiterlesen

Gastl, Markus: Permakultur und Naturgarten, Verlag Eugen Ulmer, 2. Auflage 2021.

Gastl, Markus: Ideenbuch Nützlingshotels, Verlag Eugen Ulmer, 2. Auflage 2022.

Gastl, Markus: Mehr Natur im Garten, Verlag Eugen Ulmer 2021.

Kawollek, Wolfgang, Kawollek, Marco: Alles über Pflanzenvermehrung: Vegetative Vermehrung und Samenanzucht, Verlag Eugen Ulmer, 3. Auflage 2021.

Krause, Antje: 1x hacken, spart 2x gießen, Verlag Eugen Ulmer 2021.

Lepple, Annette: Genießen statt Gießen, Verlag Eugen Ulmer, 2. Auflage 2020.

Lorey, Heidi: Gemüse und Blumen aus eigenem Saatgut: Samen vermehren und erhalten, Verlag Eugen Ulmer 2017.

Reif, Jonas, Kreß, Christian: Blackbox-Gardening: Mit versamenden Pflanzen Gärten gestalten, Verlag Eugen Ulmer 2014.

Schwarzer, Elke: Heimische Pflanzen für den Garten, Verlag Eugen Ulmer, 3. Auflage 2022.

Im Netz

www.de-ipbes.de
Weiterführende Infos zum Artensterben

www.deutschland-summt.de und
www.wir-tun-was-fuer-bienen.de
Deutschland summt, Stiftung für Mensch und Umwelt Informationen zu Bienen und bienenfreundlichem Gärtnern.

www.fledermausschutz.de
Informationen des Landesfachausschusses zum Thema Fledermausschutz.

www.hortus-insectorum.de
Internetseite des Autors mit Einblicken in die beiden Privatgärten.

www.naturgarten.org
NaturGarten e.V., Verein für naturnahe Garten- und Landschaftsgestaltung

www.wildbienenwelt.de
Das große Ulmer Wildbienenportal mit Bienenpflanzenfinder.

Register

Bildquellen

FloraPress: A. F. Endress: S. 50; BIOSPHOTO / Jean-Michel Groult: S. 23; FLPA: S. 78 li.; Otmar Diez: S. 22, 79; Thomas Lohrer: S. 81 li.; Ute Klaphake: S. 62 | **Frei, Erik:** S. 115 | **Gastl, Markus:** U2, U3, S. 6, 10, 19, 27, 34, 43, 44, 45, 51, 53, 57, 65, 73, 75, 84, 116 | **Hofmann, Volker:** Klappe vorn innen | **Lohrer, Thomas:** S. 79 li. | **Maier-Komor, Susanne:** S. 7 u., 20, 29 u., 77, 89, 90, 92, 96, 118, 121 u. | **mauritius images:** S. 39, 69, 98 li., 98 re., 101 li., 109, 121 o. | **Mayländer, Michaela:** S. 1 (Biene an Blümchen), 16 (Herz), 19 (Efeublatt), 31 (Blume) | **Schoppe, Melanie:** S. 7 o., 12, 17, 29 o., 32, 37, 38, 41, 47, 55, 61, 63, 64, 66, 74, 78 re., 79 re., 80 li., 81 re., 83, 85, 87, 94, 95, 97, 99 li., 100 li., 100 re., 103, 104, 107 | **Shutterstock.com:** Andrius Repsys: S. 3 (Baum); aRTI01: S. 80 re.; Bodor Tivadar: S. 4 (Blatt); boyphare: S. 25 o. re.; ChWeiss: S. 99 re.; Cora Mueller: S. 35; Cuhle-Fotos: S. 113 u.; Dan Olsen: S. 25 o. li.; Danylo Samiylenko: S. 14; encierro: S. 48; Ferenc Speder: S. 24; Halfpoint: S. 122; HollyHarry: S. 67; Lu Lovelock: U1; Nevada31: S. 83 (Gießkanne); nnattalli: S. 58; photographyfirm: S. 25 u. re.; stefbennett: S. 113 o.; Tomasz Klejdysz: S. 101 re.; Txanbelin: S. 117; Vector store: S. 31 (Biene); vividvic: S. 91 (Vogel) | **Stojan, Edina:** S. 18, 82, 106, 110, 119

Impressum

Die in diesem Buch enthaltenen Empfehlungen und Angaben sind von den Autoren mit größter Sorgfalt zusammengestellt und geprüft worden. Eine Garantie für die Richtigkeit der Angaben kann aber nicht gegeben werden. Autoren und Verlag übernehmen keine Haftung für Schäden und Unfälle. Bitte setzen Sie bei der Anwendung der in diesem Buch enthaltenen Empfehlungen Ihr persönliches Urteilsvermögen ein.
Der Verlag Eugen Ulmer ist nicht verantwortlich für die Inhalte der im Buch genannten Websites.

Anmerkung zur Schreibweise (Gendering): Gendergerechtigkeit und Inklusion sind bei uns gelebte Praxis – bei der Auswahl unserer Themen, bei der Recherchearbeit, in der Gestaltung. Unsere Texte meinen alle. Damit unsere Inhalte jedoch gut lesbar bleiben, verzichten wir in diesem Werk auf die jeweilige Mehrfachnennung oder Anpassung der Schreibweise bestimmter Bezeichnungen an die weibliche, männliche oder diverse Form.

Bibliografische Information der Deutschen Nationalbibliothek
Die Deutsche Nationalbibliothek verzeichnet diese Publikation in der Deutschen Nationalbibliografie; detaillierte bibliografische Daten sind im Internet über http://dnb.d-nb.de abrufbar.

Wollgrasweg 41, 70599 Stuttgart (Hohenheim)
E-Mail: info@ulmer.de
Internet: www.ulmer.de
Projektleitung: Doris Kowalzik
Konzept: Christine Hutschenreuther
Lektorat: Alessandra Kreibaum
Herstellung: Stephanie Haun
Reihen- und Umschlaggestaltung:
Michaela Mayländer, Stuttgart, www.sistermic.de
Satz: Katja von Ruville, Frankfurt a. M.
Reproduktion: time:ray, Jettingen
Druck und Bindung: Pustet, Regensburg
Printed in Germany

FSC www.fsc.org MIX Papier aus verantwortungsvollen Quellen FSC® C014889

ISBN 978-3-8186-1503-1